Karl Kruszelnicki

Dr. Karls neue Geschichten aus der Wissenschaft
oder
Warum Hühner nicht auf Pink Floyd stehen

Karl Kruszelnicki

Dr. Karls neue Geschichten aus der Wissenschaft

oder
Warum Hühner nicht auf Pink Floyd stehen

Aus dem Englischen von Friedrich Griese

Mit 20 Zeichnungen von Reg Lynch

Piper
München Zürich

Die Originalausgabe erschien 1997 unter dem Titel »Flying Lasers, Robofish & Cities of Slime and more brain-bending science moments« bei HarperCollins*Publishers*, Sydney.

ISBN-13: 978-3-492-04656-5
ISBN-10: 3-492-04656-8

Satz: Satz für Satz. Barbara Reischmann, Leutkirch
Druck und Bindung: Clausen & Bosse, Leck
Printed in Germany

www.piper.de

Inhalt

Wenn Sie sich im Fernsehen häufiger schlechte Schwarzweißfilme anschauen, sehen Sie irgendwann unweigerlich einen Mann im Treibsand versinken – nur sein Hut bleibt an der Oberfläche zurück.

Treibsand hat schon die einstige Sklavenhauptstadt der Welt, einen Landrover an einem Strand in Australien und einen ganzen Eisenbahnzug der Kansas Pacific Railroad verschlungen.

Dabei gibt es keine bestimmte Art von Sand, die man Treibsand nennen könnte. Praktisch jeder Sand kann zu Treibsand werden, wenn zwischen den Sandkörnern ein gewisser Abstand entsteht – normalerweise durch aufsteigendes Wasser.

Außerdem gibt es Quickton, und auch der hat eine beängstigende Macht.

Erdbeben trifft gottlose Stadt

Am Dienstag, dem 7. Juni 1692, zerstörte ein seltsames, mächtiges Erdbeben die Hafenstadt Port Royal auf der Insel Jamaika. Historiker nahmen lange an, ein Großteil der Stadt sei einfach ins Meer gerutscht. Ein Geologe, der Ende des 20. Jahrhunderts Augenzeugenberichte von diesem Erdbeben studierte, kam jedoch auf eine neue Theorie. George R. Clark II, Professor der Geologie an der Kansas State University, behauptet, die Stadt sei von Treibsand verschlungen worden.

Clark fand die Augenzeugenberichte über das Erdbeben von Port Royal, als er Material für ein Buch über Naturkatastrophen sammelte. Sie waren 1694 verfaßt worden, nur zwei Jahre nach dem Ereignis, und wahrscheinlich konnten die Leute sich noch sehr genau daran erinnern.

Port Royal war damals eine ziemlich schäbige Stadt und einer der größten Sklavenmärkte der Welt. Tatsächlich herrschten von 1660 bis 1680 Seeräuber über die Stadt, angeblich die »reichste und gottloseste Stadt in der Neuen Welt«. Der für seinen Pragmatismus bekannte König Karl II. von England wollte die Stadt unter seine Kontrolle bringen und bot zu diesem Zweck 1674 einem gewissen Henry Morgan, der zu den berüchtigtsten Piraten gehörte, einen Straferlaß, die Ritterwürde und die Stellung des Vizegouverneurs von Jamaika an. Sir Henry mußte als Gegenleistung nur das kleine Problem bewältigen, sich seiner bisherigen Spießgesellen zu entledigen und diejenigen, die nicht freiwillig verschwinden wollten, aufzuhängen. Der Deal schien ihm schwer in Ordnung.

Sollte das Erdbeben von Gott als Rache an Morgan gedacht gewesen sein, dann kam ER vier Jahre zu spät, denn Morgan starb bereits 1688.

Port Royal war für ein Erdbeben wohl der denkbar günstigste Ort. Die gottlose Stadt lag ganz am Ende einer 16 Kilometer langen, in die Hafenbucht ragenden Sandbank. Sie hatte eindeutig kein solides Fundament. Bis in eine Tiefe von zwanzig Metern war der Sand locker gepackt und mit Wasser gesättigt. Auch unterhalb der 20-Meter-Marke gab es nichts Festes – nur Kies, Sand und hier und da ein versunkenes Riff. Schon ein kleines Erdbeben hätte hier seine deutlichen Spuren hinterlassen.

Daß das Erdbeben von 1692 ziemlich stark war, wissen wir aus einem Augenzeugenbericht, demzufolge die 2000 Meter hohen Blue Mountains, die Port Royal überragen, »ganz zerrissen und zerklüftet wurden, denn nun haben sie eine ganz andere Form als zuvor«.

Port Royal Zur Zeit des großen Erdbebens im Jahre 1692 war Port Royal die bedeutendste Stadt der Neuen Welt und hatte mehr Einwohner (6500 bis 7000) als Boston (6000). Der Schiffsverkehr war rege. 1688 wurde Port Royal von 213 Schiffen angelaufen, während in allen Häfen Neuenglands zusammen 226 Schiffe anlegten. Port Royal hatte einen sicheren Hafen mit tiefem Wasser bis ans Ufer.
1692 standen rund 2000 Gebäude dicht an dicht auf einer Fläche von 20 Hektar. Viele waren aus Stein errichtet, und einige von ihnen waren vier Stockwerke hoch.

George Clark vermutet, daß die Energie dieses Erdbebens von 1692 den Sand, auf dem die Stadt Port Royal errichtet worden war, in Schwingungen versetzte. Dadurch habe er sich in weniger als einer Minute verflüssigt, sich in Treibsand verwandelt und die Stadt allmählich verschlungen.

Zu Tode gequetscht

Stellen wir uns vor, wir hätten am 7. Juni 1692 auf Port Royal hinuntergeblickt. Durch eine der sandigen Straßen rennt ein verängstigter Mann. Rund eine Minute nach der Erschütterung durch das Erdbeben beginnt die Straße zu schimmern und Licht zu reflektieren. Zunächst rufen seine Schritte auf dem festen Sand ein schlagendes Geräusch hervor. Dann wird der Sand flüssig, und bei jedem Schritt hört man ein Glucksen, das schließlich in ein platschendes Geräusch übergeht. Der zuvor feste Sand wird so weich wie Wasser, und der rennende Mann verschwindet in dem neu entstandenen Treibsand.

Den damaligen Berichten zufolge verschlang der Treibsand viele einfach auf Nimmerwiedersehen. Ein paar Leute hatten Glück und wurden von einem ungewöhnlich starken Strom aufsteigenden Wassers wieder an die Oberfläche getragen: »Einige wurden ganz verschlungen und von großen Wassermengen wieder nach oben gespült; andere gingen unter und wurden nie wieder gesehen«.

San Francisco 1906 Es gibt Berichte, daß einige Gebäude beim Erdbeben von San Francisco im Jahre 1906 einfach vom Erdboden verschlungen wurden. Falls das stimmt, hat sich der dort aufgeschüttete Boden, als ihn die Erdbebenwellen erreichten, wie Treibsand verhalten. Er verlor seine Scherfestigkeit, und so versanken die Gebäude in ihm.

Ein ganz seltsames Schicksal erlitten jene, die es geschafft hatten, mit dem Kopf über Wasser zu bleiben. Als das Erdbeben nach rund sechs Minuten endete (eine erstaunlich lange Dauer; einige der stärksten Erdbeben der Neuzeit dauerten nur zwei bis drei Minuten), verfestigte sich der Sand wieder und sperrte diese Menschen im Boden ein. Vom Sand allseits eingezwängt, konnten sie keine Luft mehr bekommen und erstickten.

Ein Augenzeuge berichtete: »Die sich auftuende Erde verschluckte die Leute, schloß sich dann über ihnen und quetschte sie zu Tode. Mehrere wurden auf diese Weise begraben, nur ihre Köpfe ragten noch aus dem Boden; einige Köpfe wurden von Hunden gefressen; andere wurden von den noch am Ort Gebliebenen mit Staub und Erde bedeckt, um den Gestank zu vermeiden.« Das klingt sehr dramatisch, aber vielleicht wurden schon damals gute Storys gern aufgebauscht.

Wir wissen, daß die Gebäude von Port Royal nicht seitwärts ins Meer glitten, sondern einfach senkrecht im Treibsand versanken. Noch viele Jahre danach konnten die Einheimischen an einem windstillen Tag in die Bucht hinausrudern und die Mauern der Backsteinbauten auf dem Meeresboden sehen. Ein Taucher, der im Jahr 1859 durch die unterseeischen Straßen ging, beschrieb »die Reste von zehn oder mehr Häusern, deren Mauern einen bis drei Meter aus dem Sand ragten«. Daß diese Bauten einfach im Treibsand versanken, lag vermutlich an dem bizarren Phänomen der Verflüssigung. (Wegen des starken Erdbebens von 1907 sind diese Bauten heute nicht mehr zu sehen.)

Treibsand ist ein unheimlicher Stoff

Vor gut hundert Jahren versackte ein ganzer Zug der Kansas Pacific Railroad im Treibsand. Obwohl man bis zu 15 Meter tief bohrte, blieb die Lokomotive unauffindbar. Damals galt Treibsand als eine besondere Art von Sand, die einen Menschen (oder einen Zug) in die Tiefe saugt. Aber das stimmt nicht.

Jeder Sand kann zu Treibsand werden, und saugen tut er ohnehin nicht. Treibsand ist kein Material, sondern ein Material*zustand*. Treibsand ist ganz gewöhnlicher Sand, nur werden die Sandkörner auf Abstand voneinander gehalten, gewöhnlich durch aufsteigendes Wasser, und deshalb verhält er sich wie eine Flüssigkeit. In dieser Form kann er nur soviel Gewicht tragen, wie es das Archimedische Prinzip erlaubt; dieses besagt, daß der scheinbare Gewichtsverlust eines in eine Flüssigkeit getauchten Körpers gleich dem Gewicht der von diesem Körper verdrängten Flüssigkeit ist.

Stellen Sie sich vor, Sie stünden am Rande des Meeres auf einem feuchten Sandstrand. Weil die Sandkörner nicht ganz glatt sind, greifen sie ineinander und tragen Ihr Gewicht.

Jetzt könnte auf einmal ein paar Meter unter der Oberfläche eine unterseeische Quelle hervorbrechen. Ist der *aufwärts* gerichtete Druck des Wasserstroms größer als die *abwärts* gerichtete Schwerkraft, so schwimmen die einzelnen Sandkörner frei und getrennt voneinander im Wasser. Weil das heraufströmende Wasser die Lücken zwischen den Körnern füllt und sie auf Abstand hält, können sie nicht mehr ineinandergreifen. Sie können also überhaupt kein Gewicht mehr tragen. Dadurch wird der Sand zu Treibsand, und Sie beginnen einzusinken.

Es gibt noch eine weitere Möglichkeit, Abstand zwischen Sandkörnern herzustellen – Sie brauchen gewöhnlichen feuchten Sand nur zu schütteln. Genau das passierte mit der Sandbank, auf der Port Royal errichtet worden war.

Treibsand ist ganz gewöhnlicher Sand, durch den Wasser

aufsteigt. (Wenn die Aufwärtsbewegung des Wassers entsprechend stark wäre, könnte sogar »Treibkies« oder »Treibbackstein« entstehen!) Treibsand sieht nicht immer feucht aus: Wenn die Sonne ihn oberflächlich austrocknet und eine dünne, harte Kruste entstehen läßt, ist er unmöglich zu erkennen und sehr tückisch.

Was ist Sand? Sand entsteht, wenn Felsgestein durch die Einwirkung von Luft, Wasser und Eis in winzige Teilchen zerlegt wird. Der Durchmesser dieser Teilchen beträgt 20 bis 2000 Mikron (0,02 bis 2 Millimeter). Was Sand ist, wird, soweit es um die Größe der Teilchen geht, von jedem anders definiert. Das amerikanische Landwirtschaftsministerium hat es gern bei 0,05 bis 2 Millimetern, die Pioniertruppe der US-Armee nimmt lieber 0,08 bis 4 Millimeter, während die amerikanische Vereinigung für Materialprüfung 0,08 bis 2 Millimeter bevorzugt.
Der häufigste Bestandteil von Sand ist Quarz (Siliziumdioxid, SiO_2). Das liegt daran, daß Quarz in Gesteinen häufig vorkommt, daß er relativ hart ist und daß er in Wasser so gut wie unlöslich ist und nicht zerfällt. Es gibt jedoch auch Sande, die hauptsächlich aus vulkanischem Glas, Eisenerzen oder Feldspat bestehen. Die meisten Sande enthalten kleine Beimengungen anderer Mineralien wie Granat, Pyroxenit, Topas, Rutil, Turmalin und Zirkon. Grüne Sande verdanken ihre Farbe dem Glaukonit, einem kaliumreichen Mineral.
Im »frischen« Zustand sind die Sandteilchen meist zackig, aber Erosion und Verwitterung schleifen sie ab.

Im allgemeinen wird Treibsand durch Wasser erzeugt, das aus größerer Höhe durchs Gestein dringt und unter einer Sandmasse in geringerer Höhe auftaucht. Diese Sandmasse kann sich über Wasser oder, tückischer, unter Wasser befinden. Im Flachland wird man generell keinen Treibsand finden (der Druckgradient ist zu klein, um die Sandkörner zu trennen), aber auch nicht in der Nähe von Schluchten oder Cañons (das Wasser fließt dann direkt in den nächsten Fluß, oder der Druck ist so groß, daß der Sand weggeschwemmt wird).

Eher wird man Treibsand in mäßig hügeligem Gelände finden. Wasser schafft sich leicht Gänge durch Dolomit- und

Kalkgestein und kann daher von höhergelegenen Orten aus tiefergelegene Quellen speisen. Dolomit und Kalkstein erodieren jedoch nicht zu Sand, und daher muß es stromaufwärts andere Gesteine geben, die den Sand liefern.

Einfach schwimmen – nur keine Panik!

An dieser Stelle sollte ich sagen, daß ich persönlich noch nie Treibsand gesehen habe. Man kommt nicht leicht an verläßliche Berichte von Leuten, die selbst Erfahrungen mit Treibsand haben, aber ich habe Berichte von Jim Ring (eine persönliche Erfahrung, beschrieben im *New Scientist*, 1995), Gerard H. Matthes (Ingenieur beim US Geological Survey um 1900, der 1953 einen sehr lesenswerten Artikel im *Scientific American* schrieb) und Kirsty Irvine gefunden (ein religiös eingefärbter Bericht auf der Website von LDS Church News).

Gerard H. Matthes scheint viele praktische Erfahrungen mit Treibsand gemacht zu haben. Er sagt, wenn man in Treibsand gerate, solle man sich nicht aufregen, sondern sich einfach mit ausgebreiteten Armen auf den Rücken legen.

Da Treibsand dichter ist als Wasser – und zwar ungefähr 1,6mal –, wird man darauf noch besser schwimmen als auf Wasser.

Das erste ernstere Problem, mit dem man es zu tun bekommt, ist die Viskosität, die bei Treibsand durch Scherung steigt – und um sie möglichst geringzuhalten, sollte man sich nur langsam bewegen.

Ein anderes ernstes Problem besteht darin, daß Treibsand einen nicht so einfach losläßt wie Wasser: Wenn Sie ein Bein aus dem Treibsand herauszuziehen versuchen, müssen Sie gegen das zurückbleibende Vakuum anarbeiten.

Wenn Sie nicht allein sind, können Ihre Begleiter aus Sträuchern, einem Zweig und ähnlichem eine Plattform bilden, um Ihnen herauszuhelfen. Eine Zeltplane, auf dem Treibsand ausgebreitet, trägt das Gewicht eines Menschen und kann ebenfalls als Plattform benutzt werden. (Da kann man sogar draufspringen – der Treibsand unter der Plane wird dann so starr wie Stein!) Sehr hilfreich wären Seile, um Sie herauszuziehen.

Auftrieb im Treibsand Im Treibsand haben Sie mehr Auftrieb als im Wasser. Die Dichte von Menschen liegt knapp unter 1,00. Süßwasser hat die Dichte 1,00, und Menschen können gerade in ihm schwimmen. Da Salzwasser mit 1,02 etwas dichter ist, kann man darin erheblich leichter schwimmen als in Süßwasser, obwohl der Dichteunterschied so gering ist. Treibsande haben eine Dichte von 1,6, und deshalb können Menschen sehr leicht darin schwimmen.

Sind Sie jedoch allein in einem treibsandverdächtigen Gelände unterwegs, sollten Sie einen kräftigen Pfahl mitnehmen. Sie können auch ohne fremde Hilfe aus Treibsand herauskommen, das erfordert allerdings einige Arbeit. Sie müssen dafür sorgen, daß zunächst Ihr Rumpf auf der Oberfläche schwimmt und dann Ihre Beine.

Legen Sie, während Sie einsinken, zunächst den Pfahl auf den Treibsand und lassen Sie sich in Rückenlage auf den Pfahl fallen. Irgendwann haben Sie in dem Treibsand ein Gleichgewicht erreicht und sinken nicht mehr ein. Nun bringen Sie den Pfahl unter Ihre Hüften, und zwar quer zu Ihrem Rückgrat. Das kostet Anstrengung. Der Pfahl bewahrt die Hüftgegend vorm Einsinken, wenn Sie nun (aber langsam) erst das eine und dann das andere Bein herausziehen. (Matthes empfiehlt häufige Ruhepausen während dieser Schwerarbeit.) Wenn Ihre Beine draußen sind, wählen Sie die kürzeste Strecke zu festerem Grund und wälzen sich vorsichtig über die Treibsandfläche dorthin.

Sie sollten jetzt aber nicht begeistert nach Treibsand suchen, um dieses Verfahren auszuprobieren! Sie können zu Hause bleiben und gefahrlos Ihren eigenen Treibsand herstellen. Lassen Sie einen Wasserschlauch unten in einer Mülltonne enden. Füllen Sie die Tonne fast bis zum Rand mit Sand. Legen Sie jetzt einen Backstein oder sonst etwas Schweres auf den Sand. Wenn Sie nun den Hahn aufdrehen und den Wasserzufluß allmählich steigern, werden Sie's sehen: Der Stein versinkt. Wenn Sie den Hahn wieder zudrehen, wird der Sand erneut etwas Schweres tragen. Warten wir ab, wann Hollywood diese Idee mit dem künstlichen Treibsand in einem Film verwertet.

Tiere und Treibsand

Gerard H. Matthes hat beobachtet, daß Tiere, die in Treibsand geraten, sich unterschiedlich verhalten. Die meisten kommen aus eigener Kraft nicht heraus.

Ein Hund schafft es gewöhnlich allein, muß aber ermuntert werden, sich aufzurappeln, statt einfach stehenzubleiben. Ein Pferd schafft es gewöhnlich, muß aber angeleitet werden, weil es sonst rasch ermüdet.

Ein Maultier legt sich vernünftigerweise einfach auf seinen Bauch, die dünnen Füße und Beine von sich gestreckt, sobald es merkt, daß der Sand unter ihm nachgibt. Es bleibt meist ganz ruhig und sinkt überhaupt nicht ein.

Sand in der Bibel Sand wird in der Bibel häufiger erwähnt. Meist geht es darum, die Vielzahl der Freunde, Feinde oder Nachkommen auszudrücken. So heißt es etwa in Genesis 32,13: »Du hast doch gesagt: ›Ich will es dir gut gehen lassen und will deine Nachkommen zahlreich machen wie den Sand am Meer, den niemand zählen kann vor Menge.‹«
Im ersten Buch der Könige 5,9 wird Sand mit einer menschlichen Eigenschaft verglichen: »Gott gab Salomo Weisheit und Einsicht in hohem Maß und Weite des Herzens – wie Sand am Strand des Meeres.«
Nur in Matthäus 7,26 wird auf die Vergänglichkeit von Sand Bezug genommen: »Wer meine Worte hört und nicht danach handelt, ist wie ein unvernünftiger Mann, der sein Haus auf Sand baute.«

Rinder geraten, wenn sie im Treibsand stecken, fast immer in Panik. Die einzige verläßliche Methode, sie herauszuholen, besteht darin, sanft an einem Seil um ihren Hals zu ziehen. Doch sobald sie wieder festen Boden unter den Füßen haben, greifen diese undankbaren Viecher ihre Retter gern an.

Wenn Tiere zu tief einsinken, treten bedauerlicherweise ihre Augen aus dem Kopf hervor, weil das Sand-Wasser-Gemisch dichter ist als Wasser und daher einen hydrostatischen Druck auf ihren Körper ausübt. In diesem Fall haben sie so starke innere Schäden davongetragen, daß sie ohnehin sterben werden. Man kann daher den Rettungsversuch bleibenlassen und sie so schneller von ihrem Elend erlösen.

Sand verschluckt Landrover

Fraser Island, vor der Küste von Queensland (Australien) gelegen, ist laut *Guinness Book of Records* von 1993 die größte Sandinsel der Welt. Eine ihrer Sanddünen ist 120 Kilometer lang. Sie weist rund 40 Süßwasserseen auf, viele davon hoch über dem Meeresspiegel. (Nebenbei: Die meisten Bäume, die zur Abstützung des Suezkanals verwendet wurden, stammten von dort.)

Das bringt mich auf die mir zu Ohren gekommene Geschichte von dem Landrover, der von Fraser Island verschluckt wurde. Ein Angler, der dort gern vom Strand aus angelte, hatte einen Landrover. Der war alt und abgenutzt, aber der Dieselmotor war unverwüstlich und sparsam, und die Aluminiumkarosserie rostete nicht in dem Meeresklima. Leider war die Batterie leer. So fuhr er eines Tages, nachdem er sich von einem anderen Wagen hatte Starthilfe geben lassen, am Strand entlang zu seinem bevorzugten Angelstandort und stellte den Landrover rund 50 Meter vom Wasser entfernt auf festem Boden ab.

Weil er sich bei der Rückfahrt nicht noch einmal Starthilfe geben lassen wollte, ließ er für die gute Stunde, die er zu angeln gedachte, den Motor leerlaufen (Dieselmotoren sind im Leerlauf sehr sparsam).

Quickton ist beweglich Wenn Ton beweglich ist, wird er Quickton genannt. Quicktone nennt man »thixotrop«, das heißt wörtlich: veränderlich durch Berührung – wenn er plötzlich bewegt wird, geht er vom festen in den flüssigen Zustand über.

Der Angler hatte eine Dreiviertelstunde unbesorgt geangelt und sich nicht um den Landrover hinter ihm gekümmert, als der bis dahin regelmäßige Takt des Motors in ein Husten und Stottern überging. Als er sich umschaute, war der Wagen bis zur Oberkante der Räder versunken – in dem scheinbar festen Sandboden.

Der Mann wußte nicht, daß sich unter dem Sand ein Wasserlauf hinzog, der ins Meer mündete. Der scheinbar feste Sand hatte sich durch die dauernden Vibrationen des Dieselmotors verflüssigt, und so war der Landrover langsam eingesunken. An dem Abend gab es keine Garnelen vom Rost!

Quickton

Am 23. Dezember 1953 konnte man die fürchterliche Gewalt von Quickton beobachten. Unweit der norwegischen Hauptstadt Oslo machte ein Bauer namens Borgen am Nachmittag einen Gang über sein Anwesen. Am Rande einer flachen Schlucht, die sich durch sein Anwesen zog, entdeckte er einen winzigen Erdrutsch. Sofort lief Bauer Borgen heim und brachte seine Familie im Haus eines Nachbarn in Sicherheit. Den Bauern in der Gegend war bekannt, daß Lehm sich manchmal in einen seltsamen Stoff verwandeln konnte, den sie »Quickton« nannten.

In der Nacht verschob sich der Lehm am Rand der Schlucht, und ein rund 25 Meter breiter Erdrutsch setzte sich bergab in Bewegung. Das Land, auf dem Borgens Haus gestanden hatte, wurde plötzlich feucht und schlammig und begann durch den schmalen Kanal abzufließen. Es war derart schlammig, daß die Lawine so lange weiterfloß, bis sie sich an einer Straßenbrücke staute, die sich etwa zwei Kilometer unterhalb des von Bauer Borgen anfangs entdeckten winzigen Erdrutsches befand.

Als Borgen mit seiner Familie am nächsten Morgen zu seinem Hof zurückkehrte, waren alle Gebäude verschwunden. Sie sahen nur einen zehn Meter tiefen, kreisrunden Krater, dessen Durchmesser über 250 Meter betrug.

Quicktone des Nordens Die Quicktone in Skandinavien und Kanada entstanden beim Vorrücken der großen Eisdecken während der letzten Eiszeit vor rund 100 000 Jahren. Diese Tone bestehen aus vielen feinen Materialien (wie pulverisiertem Gestein), die von den vorrückenden Gletschern zermahlen wurden. Diese feinen Materialien lagerten sich auf dem Meeresboden ab. Als das Eis vor rund 10 000 Jahren zurückwich, stiegen diese Schichten an die Oberfläche empor.

Großen Schaden löste 1893 auch ein Quickton-Erdrutsch bei Verdal in Norwegen aus. Etwa 120 Menschen kamen um, und die Zerstörungen erstreckten sich über eine Fläche von 5,6 Quadratkilometern.

Am 29. September 1950 kam es in der südschwedischen Stadt Surte zu einem gewaltigen Tonrutsch. Die Stadt stand auf Tonablagerungen mit einer Mächtigkeit von 35 Metern. Beim Bau eines neuen Gebäudes wurde erstmals in Surte zur Schaffung der Fundamente eine Pfahlramme eingesetzt. Man vermutet, daß sie den Tonrutsch auslöste. Um 8.10 Uhr begannen drei Millionen Kubikmeter Kies und Boden in Richtung des Göta-Flusses abzurutschen. Diese riesige Platte, auf der 31 Häuser standen, riß eine Bahnlinie und eine befestigte Landstraße mit. Der Tonrutsch dauerte keine drei Minuten, aber bis er den Fluß erreichte, hatte er 300 Häuser zerstört, einen Menschen getötet und an die fünfzig verletzt.

Die kanadische Provinz Québec war am 12. November 1955 um 11.40 Uhr an der Reihe. In weniger als sieben Minuten »floß« die Stadt Nicolet in den Nicolet-Fluß. Dieser Tonrutsch riß ein halbes Dutzend Häuser und einen Bulldozer mit und hinterließ ein Loch von 10 Metern Tiefe, 120 Metern Breite und 180 Metern Länge. Glücklicherweise kamen nur drei Menschen um.

Tonrutsche kommen aber auch auf dem Meeresboden vor. Am 18. November 1929 ereignete sich südlich von Neufundland ein Erdbeben. In der Nähe lagen viele unterseeische Telegrafenkabel, die die Vereinigten Staaten mit Europa verbanden. Innerhalb von 13 Stunden und 17 Minuten fielen zwölf dieser Unterseekabel aus. Ein gewaltiger, fast 370 Kilometer breiter unterseeischer Tonrutsch, der sich mit einer Geschwindigkeit von 22 Kilometern pro Stunde über rund 650 Kilometer fortpflanzte, zerriß die Kabel, sobald er sie erreichte. Telegrafen-Ingenieure berechneten die Geschwindigkeit aus dem Abstand zwischen den Kabeln und dem Zeitpunkt, zu dem diese der Reihe nach aufhörten, Signale zu übertragen.

Was man für Quickton braucht

Ton wird zu »Quickton«, wenn er vier Merkmale aufweist: einen hohen Wassergehalt, einen niedrigen Salzgehalt, viele feine Schichten und eine Korngröße der Teilchen oder Flocken von weniger als zwei Mikron (2/1000 Millimeter).

Das wichtigste Charakteristikum von feuchtem Ton ist sein hoher Wassergehalt. Schließlich erhält man, wenn man Ton brennt und praktisch sämtliches Wasser daraus entfernt, Ziegelsteine, die eine sehr hohe Belastung aushalten. Feuchter Ton ist jedoch instabil. Gelegentlich wurde nach einem Tonrutsch beobachtet, daß kleine Tümpel zurückblieben. Als Ursache des Erdrutsches von Nicolet in Québec wurde eine Abwasserleitung vermutet, die einige Monate zuvor gebrochen war; dadurch könnte das Abwasser in den Ton eingesickert sein. Auch beim Tonrutsch von Surte fand man hinterher einen hohen Wassergehalt.

Eine weitere Bedingung für die Entstehung von Quickton ist ein niedriger Salzgehalt des Wassers. Meerwasser enthält gewöhnlich rund 35 Gramm Salz je Liter, während das Waser im Quickton für gewöhnlich weniger als 5 Gramm je Liter enthält. Löst man Salz in Wasser auf, erhält man Natrium- und Chlorionen. Diese Ionen im Wasser tragen dazu bei, die Tonteilchen zu einer größeren Masse zu verkleben. Wenn das Salz aus dem Ton entweicht, wird er thixotroper, d.h. er kann leichter zwischen verflüssigtem und verfestigtem Zustand wechseln.

Was können wir gegen Quickton tun? Quickton kommt in vielen Gegenden der Welt vor, so in Skandinavien, Kanada, den peruanischen Anden und in Südchile. Gegen Tonrutsche kann man im Moment nicht viel tun. Die einfachste und billigste Lösung ist, frühere Tonrutsche aus der Luft zu fotografieren und auf einem vergleichbaren Untergrund einfach nicht zu bauen. Steht eine Stadt aber bereits auf Quickton, so kann man ihm entweder das Wasser entziehen oder Salz darauf kippen. Damit solche Städte nicht zerstört werden, sollten wir einfach die tönernen Füße, auf denen sie stehen, trockenlegen.

Auch feine Schichten im Ton tragen dazu bei, ihn in Quickton zu verwandeln. Hat der Ton zu rutschen begonnen, erleichtern die Schichten die Fortsetzung dieser Bewegung, ganz wie die leicht übereinander gleitenden Karten eines Kartenspiels.

Die letzte Bedingung für Quickton ist, daß die Teilchen kleiner sind als zwei Mikron. In den meisten Fällen sind diese Teilchen Kristalle verschiedener Silikate wie Kaolinit, Illit, Chlorit und Montmorillonit. Drei dieser Tone (Chlorit, Illit und Montmorillonit) fand man in Bohrkernen vom Tiefseeboden in der Gegend südlich von Neufundland, wo der unterseeische Rutsch von 1929 ein Dutzend Unterwasser-Telegrafenkabel durchtrennt hatte.

(Eine Version dieses Kapitels erschien erstmals in *New Scientist*, Dezember 1996.)

Metallfressende, säureliebende, gegen Krebs immune Pflanzen

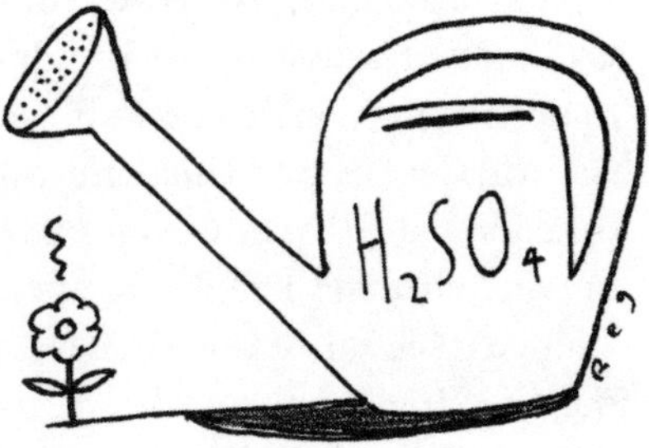

Pflanzen sind unsere Freunde – sie sind unsere einzige Verbindung zwischen der Nahrung, die wir uns in den Mund stopfen, und der Energie, die von der Sonne herabströmt. Aber Pflanzen sind nicht nur eine bequeme Nahrungsquelle. Sie warnen uns auch vor Gefahren in unserer Umwelt, und sie können dem Boden sogar giftige Metalle entziehen.

Die meisten unserer Arzneimittel stammen ursprünglich von Pflanzen. Und wenn wir der Tatsache auf den Grund gehen, daß Pflanzen so gut wie nie Krebs bekommen, lernen wir vielleicht etwas, das der Humanmedizin zugute kommt.

Pflanzen bekommen sehr selten Krebs

Krebs gehört zu den großen Krankheitsrisiken der Gegenwart. In den USA ist er die zweithäufigste Todesursache nach Herzerkrankungen, und er tötet dort alljährlich eine halbe Million Menschen.

In Australien tötete der Krebs 1995 33 805 Menschen, das waren 27 Prozent aller Todesfälle in jenem Jahr. Einer von 19 Männern und eine von 27 Frauen in Australien werden irgendwann in ihrem Leben von Krebs befallen.

Eines an dem Phänomen, das wir Krebs nennen, war jedoch immer rätselhaft: Warum bekommen Pflanzen so selten Krebs?

Als erstes muß man begreifen, daß Krebs nicht eine bestimmte Krankheit ist, so wie Infektionskrankheit nicht eine bestimmte Krankheit ist. Es gibt Hunderte von Infektionskrankheiten (von Aids über die gewöhnliche Erkältung bis zu Masern), und es gibt Hunderte von verschiedenen Krebsarten. So reden die Leute etwa von Lungenkrebs, als handele es sich um eine einzelne Krankheit, aber in Wirklichkeit gibt es vier Hauptkrebsarten, die sich in der Lunge entwickeln. Es sind das Plattenepithelkarzinom, das Adenokarzinom, das großzellige und das kleinzellige Karzinom. Diese Lungenkrebsformen unterscheiden sich nach ihrem mikroskopischen Erscheinungsbild, dem Tempo ihres Wachstums, der Art ihrer Behandlung und den Chancen, sie zu überleben.

Zweitens muß man wissen, daß jede Art von Krebs nur ein Haufen Zellen ist, die verrückt geworden sind. Nehmen wir die Haut: Hautzellen wachsen normalerweise und sterben dann, um ersetzt zu werden durch neue Hautzellen. Doch hin und wieder folgt eine Zelle nicht der Regel, zu wachsen und dann zu sterben, sondern wächst weiter. Diese Zelle kann der Anfang eines Hautkrebses sein.

Gegenwärtig werden die meisten Krebsarten auf ziemlich primitive Art behandelt, durch Schneiden und Brennen. Die Krebsspezialisten (Onkologen) zerlegen den Krebs zunächst mit dem Messer in eine handlichere Größe, und was dann übrig bleibt, verbrennen sie, mit Medikamenten oder Strahlung oder beidem.

Wenn Ihnen im Fernsehen ein Reporter wieder einmal von einer neuen Krebstherapie erzählt, meint er gewöhnlich, daß für eine der Hunderte von Krebsarten ein neues Medikament in Verkehr gebracht wurde, das die Überlebensrate um, sagen wir, zehn Prozent erhöht. Was er eindeutig nicht meint, ist, daß endlich eine hundertprozentig wirksame Therapie für alle Krebsarten gefunden wurde.

Aber während Krebs der einen oder anderen Art bei Tieren ziemlich häufig ist, kommt er in der Pflanzenwelt im allgemeinen nicht vor, und das, obwohl Pflanzen ständig in hohem Maße ultraviolettem Licht ausgesetzt sind, das bei Tieren Schäden an der DNA und bald danach einen Krebs bewirkt. Tatsächlich bekommt eine Pflanze sehr selten Krebs, und wenn es passiert, dann gewöhnlich durch einen spezialisierten Eindringling wie ein gallenbildendes Insekt oder ein Bakterium wie *Agrobacterium.*

Offenbar besteht zwischen Pflanzen und Tieren ein grundlegender Unterschied im Umgang mit dem Zellwachstum, wie Peter Doerner und seine Mitarbeiter im Plant Biology Laboratory am Salk Institute in La Jolla, Kalifornien, herausgefunden haben. Sie brachten einige Pflanzen dazu, mehr Zellen zu bilden.

Wenn Tiere (darunter auch wir Menschen) zusätzliche Zellen bilden, sind es gewöhnlich Zellen, die unbegrenzt wachsen, mit anderen Worten Krebszellen. Bildet eine Pflanze zusätzliche Zellen, verteilen sich diese Zellen gleichmäßig über die ganze Pflanze, und sie wird überhaupt ein bißchen dicker.

Als es seinerzeit um die Bekämpfung von Polio ging, bauten wir nicht mehr »eiserne Lungen«, sondern wir betrieben Grundlagenforschung und fanden schließlich einen Impfstoff.

Doerners Forschung wird uns nicht direkt eine Krebstherapie liefern, aber sie wird uns dem Verständnis der grundlegenden Mechanismen näherbringen, die hinter dieser merkwürdigen Gruppe von Krankheiten stecken.

Pflanzen fressen Metalle

Von der schrecklichen Kernschmelze, die sich 1986 in Tschernobyl ereignete, hat jeder schon gehört. Im Umkreis von Hunderten von Kilometern ist das Land noch immer verseucht. Nur einen Kilometer von dem zerstörten Kernreaktor entfernt, schwimmen auf einem Teich von 75 Metern Durchmesser seltsame Gebinde von Sonnenblumen. Diese Sonnenblumen sind kein Denkmal für die Zehntausende von Menschen, die infolge der Kernschmelze umkamen – sie holen vielmehr fleißig die radioaktiven Metalle aus dem Wasser. Ja, endlich nutzen wir Pflanzen, um mit der Umweltverschmutzung durch Metalle aufzuräumen.

In Tschernobyl nehmen die Sonnenblumen die radioaktiven Metalle Cäsium und Strontium auf. Die an dem Vorhaben beteiligte Firma Phytotech aus Monmouth in New Jersey schätzt, daß 60 Sonnenblumenpflanzen den Teich innerhalb weniger Wochen reinigen können und die Kosten sich auf rund einen US-Dollar je tausend Liter belaufen. Die radioaktiven Pflanzen werden dann als radioaktiver Müll entsorgt. Bei einem Versuch mit uranverseuchtem Wasser in den USA senkten die Sonnenblumen den Urangehalt von 350 *parts per billion* [PPB = Teilchen pro 1 Milliarde Teilchen] in nur 24 Stunden auf unter 5 PPB.

Verseuchter Boden – Müll oder Schatztruhe? In Rußland waren die Umweltschutzvorschriften nie so streng wie im Westen. Die Halbinsel Kola, die an Finnland und Norwegen grenzt, ist schrecklich verseucht. Am schlimmsten ist die rund 800 Quadratkilometer große Umgebung von Montschegorsk betroffen. Russische Wissenschaftler sprechen von einer »technogenen Wüste«.

Allein im Jahr 1994 bliesen die Raffinerien von Montschegorsk rund 934 Tonnen Kupfer, 1616 Tonnen Nickel und 97 715 Tonnen Schwefeldioxid in die Atmosphäre.

Doch die dort verarbeiteten Erze enthalten winzige Mengen seltener Metalle. Wegen der riesigen Erzmengen, die verarbeitet werden, landen all-

jährlich mehrere hundert Kilogramm Platin und Palladium sowie etliche Kilogramm Gold in der Umwelt. Fünf Kilometer südlich der Stadt beträgt der Platin- und Goldgehalt des Bodens 0,46 bzw. 0,1 ppm (parts per million). Das ist ungefähr die Hälfte des Gehalts, der mit herkömmlichen Methoden wirtschaftlich gewonnen werden kann.
Die Fabriken von Montschegorsk stoßen alljährlich edle und unedle Metalle im Wert von 50 Millionen Euro in die Umwelt aus. Die meisten dieser Metalle liegen in den obersten fünf Zentimetern des Bodens. Da haben die Pflanzen allerlei zu tun. Pflanzen arbeiten langsam – aber sie arbeiten billig.

Daß bestimmte Pflanzen bevorzugt in der Nähe bestimmter Erze wachsen, ist Geologen seit langem bekannt. Von der Pflanze *Alyssum* gibt es zum Beispiel 170 Unterarten. Rund fünfzig dieser Unterarten nehmen Nickel in Konzentrationen auf, die sich auf über ein Promille des Trockengewichts dieser Pflanze belaufen, und bei einigen dieser Unterarten beträgt der Anteil bis zu 2,5 Prozent. Diese Unterart kommt überwiegend in Osteuropa vor.

Im Kupferfördergebiet von Zaire gibt es Pflanzen, die Kupfer und Kobalt aufnehmen. Das in Teilen Großbritanniens vorkommende alpine Hellerkraut *(Thalaspi caerulescens)* nimmt gern Zink auf.

Pflanzen wie der indische Senfstrauch *(Brassica juncea)* können ein ganzes Bündel von Metallen aufnehmen, darunter Zink, Chrom, Cäsium, Strontium und Uran. Sie können sogar Blei in einer Menge aufnehmen, die bis zu 60 Prozent des Trockengewichts der Pflanze ausmacht. Die indische Senfpflanze ist für eine solche Arbeit wie geschaffen. Innerhalb von zwei Tagen nach der Auspflanzung treibt sie Schößlinge, und sie wächst sehr schnell.

Es gibt Pläne, auf der Grundlage des indischen Senfs Filteranlagen großen Stils zu entwickeln. Die Pflanzen sollen in Trögen wachsen, die über dem verseuchten Gewässer hängen. Die ins Wasser ragenden Wurzeln der Pflanzen sollen die Metalle aufnehmen. Die Anreicherung der Metalle kann in den Wurzeln das Hundertfache der Anreicherung im Wasser erreichen. Die Wurzeln sollen dann geerntet und verbrannt werden. Während das Kohlendioxid in die Atmosphäre entweicht, kann man die Metalle wiederverwenden.

Warum haben einige Pflanzen diese merkwürdige Fähigkeit entwickelt, Metalle aufzunehmen, wo doch die meisten Pflanzen an diesen Metallen im Boden eingehen würden? Möglicherweise konnten diese Pflanzen durch die Anpassung an metallreiche Böden in Gegenden gedeihen, die andere Artgenossen nicht vertrugen. Und möglicherweise wirkten die Metalle in der Pflanze als Abwehr gegen Insekten, die sonst gern an ihnen geknabbert hätten.

Mitte der neunziger Jahre schätzte man die Kosten der Reinigung von verunreinigtem Grundwasser und Boden in den Vereinigten Staaten auf über 7 Milliarden US-Dollar. Bei den bisherigen Dekontaminationsmethoden ist der Boden hinterher tot und steril. Vielleicht können die Pflanzen dem abhelfen.

Allerdings wird man die Pflanzen noch ein wenig modifizieren müssen. Manche können nur ein Metall aufnehmen, und wenn noch andere Metalle im Boden vorkommen, gehen sie ein. Einige dieser metallfressenden Pflanzen wachsen sehr langsam. Aber vielleicht läßt sich hier mit der Gentechnik etwas machen; erwünschte Eigenschaften könnten von einer Pflanzenart auf die andere übertragen werden.

Das beste wäre natürlich, die Verseuchungsstoffe gar nicht erst in den Boden und das Grundwasser gelangen zu lassen. Für die bereits verseuchten Gebiete der Erde – und davon gibt es viele – könnten die metallfressenden Pflanzen jedoch die Lösung sein.

Was ist saurer Regen? Zum ersten Mal wurde der Ausdruck »saurer Regen« vor rund hundert Jahren im englischen Manchester benutzt. Saurer Regen entsteht, wenn Schwefel- und Stickstoffoxide sich in der Atmosphäre mit Feuchtigkeit verbinden, wodurch Schwefel- und Salpetersäure entstehen. Saurer Regen kann in flüssiger Form niedergehen, aber man

spricht auch dann von »saurem Regen«, wenn die Säuren sich in trockener Form als Nebel oder Schnee niederschlagen. In Los Angeles und San Francisco hat man »saure Nebel« gemessen, die zehnmal saurer waren als die wäßrige Form des »sauren Regens«. Die trockenen Formen können ebenso schädlich sein wie die nassen Formen des »sauren Regens«.
Exakter wäre es daher, von »Säureablagerung« zu sprechen. Doch den Ausdruck »saurer Regen« gibt es inzwischen so lange, daß man wohl nichts daran ändern kann. Heute versteht man unter »saurem Regen« einen Niederschlag (Regen, Schnee, Nebel usw.) mit einem pH-Wert von unter 5,7, der nicht durch chemische Reaktionen entstanden ist, an denen Kohlendioxid beteiligt war.
An vielen Orten in Westeuropa und im Osten der Vereinigten Staaten wurde Regen mit einem pH-Wert zwischen 2 und 3 verzeichnet.

Saurer Regen ist ganz gut – für bestimmte Pflanzen

Daß saurer Regen schlecht ist, weiß jeder. In Wheeling (US-Bundesstaat West Virginia) hat man in Regentropfen einmal sogar einen pH-Wert von 1,5 gemessen. Das ist beinahe so stark wie Batteriesäure! Doch bestimmte Pflanzen Nordeuropas brauchen den sauren Regen, und jetzt gehen sie nach und nach ein.

Wie mißt man den Säuregrad? Die Höhe mißt man in Metern (als Pilot in Fuß), das Gewicht in Kilogramm. Der Säuregrad wird in pH gemessen. (Wenn Sie es genau wissen wollen: pH ist der negative Logarithmus der Wasserstoffionen-Konzentration, gemessen in Kilogramm pro Kubikmeter.)
Ein pH-Wert von 7 ist vollkommen neutral, weder sauer noch basisch. Alles zwischen 1 und 6,9999+ ist sauer, wobei der Säuregrad nach 1 hin zunimmt. Entsprechend ist alles zwischen 7,000001 und 14 basisch, wobei der Basencharakter nach 14 hin zunimmt.

Die Hauptquelle des sauren Regens war der Schwefel in der Kohle. Diese Kohle wurde in Kraftwerken verbrannt. Der

Schwefel verließ den Schornstein in Form von Schwefeloxiden und kam mit dem Regen als gelöste Schwefelsäure wieder herunter: saurer Regen. Saurer Regen hat der Forelle in 20 000 der 100 000 Seen Skandinaviens den Garaus gemacht. Anfang der achtziger Jahre hatte er den Schwarzwald in Deutschland zur Hälfte zerstört.

1985 war der saure Regen ein derart schwerwiegendes Problem geworden, daß etliche Länder Europas beschlossen, ihre Schwefelemissionen bis 1993 um mindestens 30 Prozent zu senken. Energieerzeuger wurden gesetzlich nicht nur gezwungen, schwefelarme Brennstoffe zu verwenden, sondern mußten auch durch Umrüstung ihrer Abgasreinigung mehr Schwefel herausfiltern.

Der Erfolg dieser Maßnahmen war durchschlagend. Die auf jeden Hektar Land in Europa niedergehende Schwefelmenge – Ende der siebziger Jahre erreichte sie einen Spitzenwert von 50 kg – lag Mitte der neunziger Jahre bei 10 kg; das war in etwa dieselbe Menge wie hundert Jahre zuvor.

Schwefel Saurer Regen kann durch die Oxide des Schwefels und des Stickstoffs entstehen, aber die Schwefeloxide scheinen das größere Problem zu sein. Schwefel ist das sechzehnthäufigste Element in der Erdrinde. Die Welt-Schwefelproduktion betrug Anfang der neunziger Jahre rund 52,7 Millionen Tonnen.

Ein Großteil des Schwefels wird in Industrieregionen freigesetzt. In den USA wurden 1978 allein östlich des Mississippi von industriellen Verursachern rund zwölf Millionen Tonnen Schwefel in die Luft geblasen. Der wurde aber größtenteils »exportiert« – nur 20 Prozent davon schlugen sich in der näheren Umgebung nieder.

Warum also gehen, obwohl das Problem des sauren Regens so gut wie gelöst wurde, in Nordeuropa noch immer Pflanzen ein?

Nach Meinung von Ewald Schnug vom Institut für Pflanzenernährung und Bodenkunde in Braunschweig sind bestimmte Pflanzen auf Schwefel als lebenswichtigen Nährstoff angewiesen, den sie jetzt nicht mehr vom sauren Regen bekommen.

Das Problem sinkender Ernteerträge tritt bei einer Reihe von Pflanzenarten auf, darunter verschiedene Getreidesorten, doch am schwersten traf es Pflanzen aus der Familie der Kreuzblütler, zu der auch der Raps *(Brassica napus)* gehört. Das daraus gewonnene Öl dient zum Kochen und als Schmierstoff.

Vor gut hundert Jahren gingen Bauern in Europa zum Anbau neuer, ertragreicherer Pflanzensorten über. Diese brauchten aber mehr lebenswichtige Nährstoffe. Also setzten die Bauern Düngemittel ein, die Stickstoff und Phosphat enthielten, welche ihnen als lebenswichtige Pflanzennährstoffe bekannt waren. Schwefel war ebenfalls ein lebenswichtiger Pflanzennährstoff, und obwohl das den Bauern damals nicht bekannt war, benutzten sie zufällig einen Dünger, der Schwefel enthielt.

Daher bekamen die auf Schwefel angewiesenen Pflanzen diesen Stoff, weil der Dünger zufällig Schwefelverbindungen wie Ammoniumsulfat (schwefelsaures Ammoniak) enthielt. Das ging so bis zum Ende des Zweiten Weltkriegs. Doch als nach Kriegsende die Munitionsfabriken stillgelegt wurden, gab es, weil die meisten Explosivstoffe auf Nitraten basieren, eine riesige Überkapazität für die Herstellung von Ammoniumnitrat. Die Bauern bekamen nun Düngemittel, die statt Ammoniumsulfat Ammoniumnitrat enthielten. Außerdem setzten sie gleichzeitig Phosphate ein, die kein Sulfat mehr enthielten.

Saurer Regen ist schlecht für die meisten Pflanzen Saurer Regen hat im Schwarzwald und vielen anderen Waldgebieten fast die Hälfte der Bäume geschädigt. Die saure »Ablagerung« schädigt die Pflanzen auf zweierlei Weise. Erstens schwemmt sie Nährstoffe aus den Blättern. Zweitens unterbindet oder hemmt sie die Bindung von Stickstoff durch die Wurzeln der Pflanzen.

Im Schweizer Bergland hat saurer Regen stellenweise fast die Hälfte der Bäume zum Absterben gebracht. Dabei waren viele dieser Bäume nicht nur hübsch anzusehen, sie dienten auch als natürlicher Lawinenschutz.

Saurer Regen hat außerdem im Süden Norwegens fast ein Drittel der Seen zu toten Gewässern gemacht. Fast alle Weichtiere und die meisten Fische gehen ein, wenn der pH eines Sees unter 4,8 absinkt.

Das hätte für die Pflanzen eine Katastrophe bedeuten können, doch sie hatten Glück. Weil für die Stromerzeugung schwefelreiche Kohle verbrannt wurde, befanden sich ungeheure Mengen Schwefel in der Luft. Tatsächlich war der saure Regen in der ersten Nachkriegszeit dafür verantwortlich, daß bestimmte Pflanzensorten in Nordeuropa mit lebenswichtigem Schwefel versorgt wurden.

Gewisse Böden enthielten schon reichlich Schwefel, so daß die dort wachsenden Pflanzen im Grunde nicht betroffen waren, und gewisse Pflanzen benötigten nicht viel Schwefel, so daß auch sie nicht betroffen waren. Doch die durchschnittliche Rapsernte ist in Nordeuropa seit 1990 um rund fünf Prozent im Jahr zurückgegangen. In manchen Gegenden mit armen Böden und bei Pflanzen, die viel Schwefel brauchen, gingen die Ernten sogar um 90 Prozent zurück.

Brennende Kohlenwasserstoffe = Luftverschmutzung Kohlenwasserstoffe sind chemische Verbindungen, die Kohlenstoff und Wasserstoff enthalten, wie zum Beispiel Kohle, Alkohol und Benzin. Wenn sie sich bei der Verbrennung mit Sauerstoff verbinden, wird der Wasserstoff zu Wasser, und aus dem Kohlenstoff wird Kohlenmonoxid und Kohlendioxid. Wenn es nur so einfach wäre. Leider entsteht bei *unvollständiger* Verbrennung ein ganzes Bündel anderer Kohlenwasserstoffe. Auch der Stickstoff (aus dem 80 Prozent der Luft bestehen) muß berücksichtigt werden. Wenn er an der Verbrennung beteiligt ist, entstehen verschiedene Stickoxide.

In den USA ist die Verbrennung von Kohlenwasserstoffen (Stromerzeugung, Wohnungsbeheizung, Boiler usw.) für 80 Prozent des Schwefeldioxids und 50 Prozent der Stickoxide verantwortlich. Rund 80 Prozent des Kohlenmonoxids stammen aus der Verbrennung flüssiger Kohlenwasserstoffe (wie Diesel und Benzin) in Lkws und Autos.

Dieses Problem ist jedoch relativ einfach und kurzfristig zu beheben. Wenn die Bauern im Nordosten Deutschlands auf ihren Gersten- und Weizenfeldern Schwefel ausbringen, können sie die Erträge um bis zu 20 Prozent steigern.

Wer hätte gedacht, daß wir gezwungen sein würden, für den ausbleibenden sauren Regen einen Ausgleich zu schaffen?

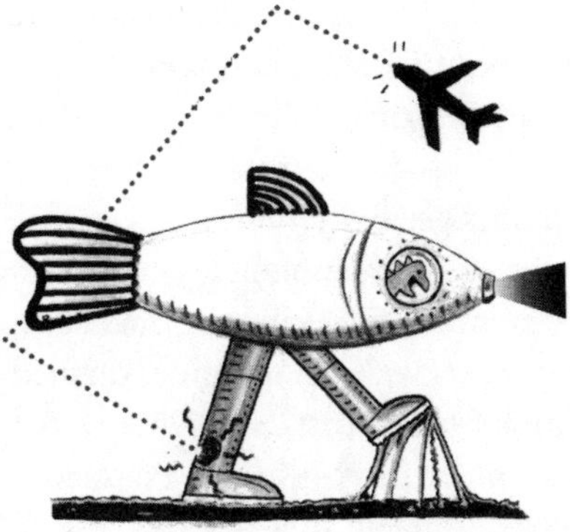

Wir Menschen wissen seit über hundert Jahren, daß es Bakterien gibt, aber in den letzten zehn Jahren haben wir mehr über sie gelernt als in den vorausgegangenen neunzig.

Wir wissen jetzt, daß Bakterien überall sind: in den Zwischenräumen unserer Zähne, in dem Schwamm in unserer Spüle und auf unseren Kontaktlinsen. Auch drei Kilometer unter dem Boden und am Meeresgrund kommen sie vor.

Erst nachdem wir eine spezielle Art von Mikroskop entwickelt hatten, konnten wir entdecken, daß Bakterien nicht in einzelnen Mono-Kolonien leben, sondern in seltsamen Wolkenkratzer-Städten. Erst nachdem wir ein neues Testverfahren entwickelt hatten, konnten wir feststellen, wie viele verschiedene Bakterienarten es tatsächlich gibt. Schon der erste Testlauf enthüllte uns doppelt so viele Bakterien, wie in den zurückliegenden hundert Jahren entdeckt worden waren. Und als ein Wissenschaftler sich eine Bakterienart genauer anschaute, fand er eine biologische Miniversion eines Propellers!

Schon seit mehr als hundert Jahren erforschen unsere Wissenschaftler die Bakterien, aber erst jüngst haben sie entdeckt, daß verschiedene Bakterien gern zusammenkommen und in einer seltsamen Harmonie zusammenleben, in unheimlichen Städten aus geschichtetem Schleim. Diese Schleimstädte sind der Schlüssel zum wahren Verständnis der Bakterien.

Seit über hundert Jahren stützen Mikrobiologen ihre Kenntnis von den Bakterien auf die Betrachtung einer einzelnen Art, die auf einem Glasplättchen wächst, welches mit einer dünnen Schicht von Bakteriennahrung bestrichen ist. Seit jeher bringt man einige identische Bakterien auf die Mitte des Plättchens auf, wo sie dann anfangen zu wachsen und sich zu teilen, bis sie das ganze Plättchen bedecken.

Doch so leben, sagt Bill Costerton von der Montana State University, in der Realität weniger als ein Prozent aller Bakterien; über 99 Prozent von ihnen leben in seltsamen Schleimstädten.

Diese Entdeckung wurde mit Hilfe eines neuartigen Mikroskops gemacht, des konfokalen Laser-Scanning-Mikroskops. Mit dem herkömmlichen Mikroskop konnten wir nur tote Bakterien betrachten, die zu einer einzigen flachen Schicht vertrocknet waren, und das auch nur aus nächster Nähe. Mit diesem neuen Mikroskop kann man lebende Bakterien betrachten, und das von oben, aus derselben Sicht wie ein Flugzeug, das über eine Stadt hinwegfliegt.

Das neue Mikroskop wurde zwar schon um 1980 erfunden, aber erst um 1990 dazu benutzt, Bakterien unter natürlichen Bedingungen zu betrachten. Und was die Wissenschaftler da sahen, hatte große Ähnlichkeit mit einer Stadt.

Die Basis der Schleimstadt besteht aus einem dichten, undurchsichtigen Schleim. Er hat eine Dicke von fünf bis zehn Mikron (etwa ein Zwanzigstel bis ein Zehntel der Dicke eines Menschenhaars). Von diesem Fundament ragen viele Wolkenkratzer empor, mit einer Höhe von 100 bis 200 Mikron (so dick bzw. doppelt so dick wie ein Menschenhaar). Die Wolkenkratzer sind wirklich bizarre Kolonien aus unterschiedlichen Bakterien: Manche sehen aus wie übereinandergestapelte Kugeln, andere wie ein Zylinder oder ein Kegel, wieder andere wie ein Pilz. Ist viel Nahrung vorhanden, gibt es viele verschiedene Wolkenkratzer.

Wirklich ganz, ganz klein In unserem täglichen Leben ist fast alles, womit wir Menschen zu tun haben, ungefähr von derselben Größe, das heißt, innerhalb eines Faktors von etwa tausend.
Die Welt des Wissenschaftlers kann dagegen sehr viel größer oder sehr viel kleiner sein. Die Dinge, die der Wissenschaftler mißt, bewegen sich in Größenordnungen, die um einige tausend voneinander abweichen.
Bei den wirklich kleinen Dingen, die ein Wissenschaftler mißt, spricht er von »milli«, das heißt tausendmal kleiner, oder »mikro«, das heißt eine Million mal kleiner, oder »nano«, das heißt eine Milliarde mal kleiner, oder »piko«, das heißt eine Billion (eine Million Millionen) mal kleiner. Danach kommt noch »femto«, und das bedeutet tausend Billionen mal kleiner.

Zwischen den Wolkenkratzern befindet sich eine sonderbare, wäßrige Flüssigkeit, die reich an zahlreichen Substanzen ist.

Durch diese Flüssigkeit ziehen sich Dutzende von Kanälen oder Röhren zwischen den Wolkenkratzern. Die Röhren befördern alles, von Sauerstoff und Wasser über Nahrung und Enzyme bis zum Abfall. Doch was für die eine Bakterienart Abfall ist, das ist für eine andere Nahrung.

Kommunikation

Nun hören wir von Wissenschaftlern, daß Tiere miteinander kommunizieren. Karl von Frisch behauptete schon in den zwanziger Jahren des vorigen Jahrhunderts, daß Bienen sich untereinander verständigen. Da es aber lange dauerte, andere Wissenschaftler davon zu überzeugen, wurde er erst 1973 mit dem Nobelpreis geehrt.

Das gefürchtete goldene Staph Das Bakterium *Staphylococcus aureus*, das gefürchtete goldene Staph, bildet gern Kolonien. Diese Bakterien siedeln sich oft auf implantierten biomedizinischen Geräten an, beispielsweise auf den Stromleitern von Herzschrittmachern. Löst sich eine Zelle aus der Kolonie und gerät in den Blutstrom, kann sie mit Penicillin getötet werden.
Die Kolonie als solche ist jedoch resistent gegen Penicillin, weil sie durch eine äußere Schleimschicht geschützt ist. Ein Patient mit einem infizierten Herzschrittmacher wird immer wieder an Infektionen erkranken, und Antibiotika helfen ihm nicht. Die einzige Lösung ist, den Herzschrittmacher – und die auf ihm siedelnde Kolonie – herauszunehmen und einen anderen unter hoffentlich sterileren Bedingungen zu implantieren.

Einige Mikrobiologen behaupten heute, daß auch Bakterien sich untereinander verständigen. Sie täten das durch Substanzen, die sie ausscheiden. Die Bakterien, sagen sie, kooperieren miteinander, um so beispielsweise Antibiotika abzuwehren oder gar Nahrung zu finden und zu ergattern.

Zur Abwehr von Antibiotika benutzen Bakterien unter anderem ihre Zellwand. Bakterien haben eine robuste Zellwand, und gegen sie richten sich viele Antibiotika. Bestimmte Bakterien bilden jedoch, wenn sie in sozialen Kolonien leben, keine Zellwand mehr aus, sondern überlassen den Schutz der Kolonie einer Schleimschicht. Die Antibiotika finden keine Zellwand mehr vor, die sie angreifen könnten, und können den Bakterien daher nichts anhaben.

Antibiotika töten nur die Einsamen Manche Bakterien haben unterschiedliche Gene. Wenn sie einzeln leben, wird ein bestimmter Satz von Genen aktiviert, wenn sie in Grupppen leben, ein anderer.
Die Bakterien, über welche die Mikrobiologen am besten Bescheid wissen, sind diejenigen, die eher für sich leben. Für sie haben wir die Antibiotika. Gegen die in Gruppen lebenden Bakterien besitzen wir derzeit kein geeignetes Mittel.

Die Zusammenarbeit bei der Nahrungssuche findet zum Beispiel in der Weise statt, daß Bakterien sich zu einer Säule formen, die rund fünf Mikron dick und 100 Mikron lang ist.

Diese Säule wandert dann durch die Straßen der Schleimstadt, bis sie in die Nähe von etwas Eßbarem kommt. Dann steuert sie auf die Nahrung zu und löst sich in einzelne Bakterien auf, die sich an dem Fund gütlich tun.

Daß Bakterien sich untereinander verständigen, wissen wir mittlerweile. Den Durchbruch werden wir erst schaffen, wenn wir ihre chemische Sprache verstehen. Das wird der erste riesige Schritt zu einer wunderbaren Freundschaft zwischen Bakterien und Menschen sein.

Elektromotoren in Bakterien

Antoni van Leeuwenhoek, der berühmte niederländische Hersteller von Mikroskopen, beschrieb 1676 eines der kleinsten Geschöpfe, die er durch eines seiner exzellenten Mikroskope sehen konnte: »… sein Bauch ist flach … und mit mannigfachen unglaublich dünnen Füßen oder Beinchen versehen, die sehr flink bewegt wurden«. Diese flinken »Beinchen«, die Leeuwenhoek vor über drei Jahrhunderten sah, werden Wimpern oder Geißeln genannt – und zumindest bei einigen Bakterien hat es den Anschein, als rotierten sie wie kleine Propeller, die von mikroskopischen Elektromotoren angetrieben werden.

Die kürzeren der winzigen »Härchen«, die aus der Zelloberfläche hervorwachsen, sind die Wimpern, die längeren die Geißeln.

Bewegung erzeugen die Wimpern und Geißeln durch Hin- und Herschlagen oder Kreisen wie ein Propeller, und was sie bewegen, ist im wesentlichen Flüssigkeit. Sind sie an einer freischwimmenden Zelle befestigt, etwa einer Samenzelle, treiben sie diese Zelle in der Flüssigkeit vorwärts. Sitzen sie dagegen auf der Oberfläche einer ortsfesten Zelle, die sich beispielsweise in Ihrer Luftröhre befinden kann, treiben sie eine Flüssigkeit über ihre Oberfläche.

Wimpern und Geißeln findet man überall. Sie sitzen in Ihrer

Luftröhre, wo sie Abfall aus Ihrer Lunge herausbefördern. Wimpern kleiden die Zellen des Eileiters der weiblichen Maus aus und befördern Eier vom Eierstock zum Uterus. Spermien besitzen Geißeln, die ihnen schwimmen helfen – und in Ihren Ohren verwandeln modifizierte Wimpern Schall in Strom, damit Sie hören können.

Motoren, die umgekehrt funktionieren Die Teile der Netzhaut (im Auge), die einfallendes Licht aufnehmen und dann in Strom verwandeln, sind modifizierte Wimpern.
Letztlich ist es dieser Strom, der Ihnen den Seheindruck vermittelt.
Wenn Wimpern in Ihrem Innenohr durch Druckwellen bewegt werden, geben sie Strom ab, der zum Höreindruck wird.
Wimpern können also auch umgekehrt funktionieren. Sie können nicht nur Strom in Bewegung verwandeln, sondern auch Bewegung in Strom.

Lange wurde allgemein angenommen, daß Wimpern und Geißeln einfach umherwedeln. Anderer Ansicht war Howard C. Berg vom Department of Molecular and Cellular Biology an der Harvard-Universität. 1975 behauptete er, daß die Geißeln, die Bakterien vorwärtstreiben, nicht im Wasser umherwedeln, sondern starr rotieren wie kleine Propeller.

Wasser wie Zement Bei unserer Größe (von rund 1,70 Metern) ist Wasser eine weiche, leicht zu bewegende Flüssigkeit. Doch bei der Größe von Bakterien (mit einem Durchmesser von einigen Millionstel Metern) ist Wasser etwas sehr Zähes. Für ein Bakterium ist Wasser so schwer zu bewegen wie Bitumen oder nasser Zement.
Bakterien, die sich mit Hilfe von Wimpern oder Geißeln fortbewegen, können sich nicht einfach ohne Anstrengung im Wasser bewegen, sondern müssen im Gegenteil ständig schwer arbeiten.

Über zwanzig Jahre lang hat er darüber geforscht. Bei seinen jüngsten Versuchen benutzte er ein hohles Glasröhrchen mit einer Verengung, die kleiner war als das Bakterium *E. coli*, mit dem er arbeitete.

Er saugte unter dem Mikroskop ein einzelnes Bakterium an,

bis es in dem Glasröhrchen eingezwängt war und an der Engstelle nicht mehr weiterkam. Während der Vorderteil dieses Bakteriums im Röhrchen festsaß, wedelte die einzelne Geißel im freien Raum umher. Dann benetzte er die Geißel mit einer Flüssigkeit, die winzige stabförmige Substanzen enthielt, von denen sich eine an die Geißel heftete. Das war ein Marker, der die Rotationsbewegung der Geißel sichtbar machte.

Der kleinste Elektromotor Japanische Wissenschaftler haben einen natürlichen Elektromotor gefunden, der zehnmal kleiner ist als die natürlichen Elektromotoren, von denen Wimpern oder Geißeln angetrieben werden. Einer dieser Wissenschaftler war Masasuke Yoshida von der Technischen Hochschule Tokio.

Der Motor ist ein Protein namens FI-ATPase, das einen sehr brauchbaren Energieträger namens ATP herstellt. Abschnitte dieses Proteins sehen aus und verhalten sich wie Kolben, die eine Welle antreiben.

Die Wissenschaftler wollten beweisen, daß die Antriebswelle rotiert, aber wie sollten sie das schaffen? Wenn Sie sich jemals eine rotierende metallische Welle angeschaut haben, die glatt und ohne Markierungen ist, werden Sie wissen, daß es manchmal schwer zu erkennen ist, ob sie wirklich rotiert. Deshalb hefteten sie an das Ende dessen, was sie für eine Antriebswelle hielten, ein langes, rechtwinklig abstehendes Marker-Molekül. Das Protein sah jetzt so aus, als wäre an einer Fahnenstange (der Antriebswelle) eine lange schmale Fahne (das Marker-Molekül) befestigt. Es kam wie erwartet: Als das Protein begann, ATP zu bilden, fing das lange, schmale Marker-Molekül an zu kreisen. Damit war bewiesen, daß das Protein FI-ATPase ein winziger Motor ist. Es ist der winzigste Elektromotor, den die Menschheit kennt.

Anschließend schickte er, während das arme kleine Bakterium in dem Glasröhrchen feststeckte, in das Salzwasser in dem Röhrchen eine ganz schwache elektrische Spannung, deren anderer Pol sich auf der anderen Seite des Bakteriums befand, eine Art elektrischer Viehtreiber im Dienst der Wissenschaft. Bei einer Spannung von einem fünftel Volt konnte er durch eine mit dem Mikroskop verbundene Videokamera beobachten, daß der kleine Marker rund hundertmal in der Sekunde rotierte, also 6000 Umdrehungen in der Minute machte.

Senkte er die Spannung, verlangsamte sich die Geißel. Und wenn er die Spannung auf Null zurückfuhr und anschließend umpolte, kam die Geißel völlig zum Stillstand und fing danach an, in Gegenrichtung zu rotieren.

Nach zwanzigjähriger Forschung hatte Howard Berg endlich bewiesen, daß bestimmte Bakterien umherschwimmen können dank eines winzigen Elektromotors, der die Geißel wie einen Propeller kreisen läßt.

Nun ist zwar bewiesen, daß irgendwo in der Zellwand dieses Bakteriums ein kleiner Elektromotor sitzt, aber noch hat niemand ein elektronenmikroskopisches Foto von ihm gemacht. Seit Mitte der achtziger Jahre versetzen Mikromaschinen mit winzigen Zahnrädchen, die kleiner sind als ein menschliches Haar, die Wissenschaft in Aufregung. Dabei hat Mutter Natur bereits Maschinen gebaut, die tausend- oder gar millionenfach kleiner sind. Noch ist es nicht soweit, aber vielleicht werden eines Tages nicht nur Mikromaschinen, sondern Nanomaschinen für uns arbeiten.

Stets winzig, oft nützlich und viel mehr, als wir je geglaubt haben

Unser Planet ist übersät von Leben: Landtiere, Vögel, Fische, Bäume, Pflanzen und Hunderttausende von Insektenarten. Wenn wir uns aber dem Leben zuwenden, das zu klein ist, um mit bloßem Auge bemerkt zu werden, finden wir in den Lehrbüchern die Aussage, daß nur 5000 Bakterienarten entdeckt worden seien. Diese Bücher müssen umgeschrieben werden, denn mit brandneuen Testverfahren sind in einem einzigen Gramm gewöhnlichen Bodens 10 000 bisher unbekannte Bakterien entdeckt worden.

Ein Bakterium ist ein Lebewesen, das aus einer einzigen Zelle besteht. Diese einzelne Zelle hat einen Durchmesser von wenigen Mikron (vielleicht nur ein Vierzigstel der Dicke eines menschlichen Haares). Wir Menschen bestehen demgegenüber aus zig Millionen verschiedener Zellen, deren jede ungefähr so groß ist wie ein Bakterium. Wir haben Nervenzellen, mittels deren wir denken, Muskelzellen, um unsere Glieder zu bewegen, Drüsenzellen zur Bildung von Hormonen, Hautzellen, um uns zu schützen, Geschlechtszellen zur Schaffung weiterer Menschen und Hunderte sonstiger Zelltypen, die jeweils eigene Aufgaben erfüllen. Doch ein Bakterium ist eine einzelne Zelle, die alles macht.

Bakterien sind für die Menschheit ungeheuer nützlich, hauptsächlich wegen der von ihnen erzeugten Chemikalien. Die Chemikalien werden in zwei Klassen eingeteilt: Medikamente und alles übrige.

Bakterien sind lebenswichtig Für das Leben, wie wir es kennen, sind Bakterien wichtig.
Anfang des 20. Jahrhunderts entdeckte der Niederländer Martinus Beijerinck, daß an den Wurzeln von Hülsenfrüchten Bakterien der Gattung *Rhizobium* leben. Diese Bakterien verbinden sich zu einer Gemeinschaft, die Stickstoff herstellt und damit den Boden bereichert.
Um dieselbe Zeit entdeckte Sergei Winogradsky in Paris, daß andere Bakterien an der Aufspaltung von Zellulose mitwirken. Es war ein wichtiger Beitrag zur Klärung des Kohlenstoffkreislaufs in der Atmosphäre.

Ein auf einem Golfplatz in Japan lebendes Bakterium produziert eine Chemikalie, die einen Parasiten tötete, der Vieh befiel. Mevacor, ein cholesterinsenkendes Mittel, stammt aus einer Bodenprobe, die ein Wissenschaftler Anfang der achtziger Jahre in Spanien nahm.

Doch auch außerhalb des Bereichs der Medikamente gibt es Hunderte von nützlichen Diensten, die uns Bakterien leisten. Die dänische Firma Novo Nordisk macht einen Jahresumsatz von 570 Millionen US-Dollar mit dem Verkauf von Chemikalien, die aus Bakterien gewonnen werden.

Chemikalien aus Bakterien schenken uns Aromen und Nahrungsmittel. Sie bleichen Papier und Jeans, sie verarbeiten Säfte und produzieren sogar Käse für uns.

Bakterien helfen, Gras in Milch zu verwandeln Ein klassisches Beispiel für in Gruppen lebende Bakterien finden wir im Inneren einer Kuh. Wir Menschen können die Zellulose im Gras nicht verdauen, aber Kühe können es, dank fünf verschiedener Arten von Bakterien.
Die erste Art heißt *Fibrobacter succinogenes*, und sie macht sich tatsächlich über die Zellulose her und verwandelt sie in Glukose. Es sind dann Kolonien des Bakteriums *Butyrovibrio*, welche die Glukose in einen anderen Stoff umwandeln, das Butyrat. Eine wieder andere Bakterienart verwandelt das Butyrat in Azetat. Und schließlich verwandeln spezialisierte *Methanogen*-Bakterien das Azetat in Methan, das dann in Form von Rülpsern oder Fürzen der Kuh entweicht. Aber die Kühe brauchen noch eine fünfte Art von Bakterien. Für diese Art von *Methanogen*-Bakterien ist Sauerstoff tödlich, und in unserer Atmosphäre ist eine Menge Sauerstoff. Diese fünfte Bakterienart bildet deshalb eine Schutzschicht um die kleinen Kolonien von *Methanogen*-Bakterien, die den Sauerstoff fernhält.
Ohne diese eng miteinander kooperierenden Bakterien könnten Kühe Gras nicht in Milch verwandeln.

In Hunderten von Skigebieten rings um den Globus gibt es Kunstschneehänge, und sie alle beruhen auf einem Protein, das um sich herum Eis bildet – und dieses Protein kam von einem Bakterium. Dieses spezielle Bakterium wurde von einem Studenten an der Universität von Wisconsin in einem Maisfeld gefunden.

Früher benutzten Bakteriologen komplizierte, zeitraubende und kostspielige Methoden, um Bakterien zu entdecken. Sie bekamen eine sehr kleine Probe von etwas, wovon sie annahmen, es würde Bakterien enthalten, und taten dann hinzu, was ihrer Vermutung nach die richtige Nahrung war, vielleicht zerstoßenen Seetang oder gemahlene Ochsenherzen.

Die neuen Tests zum Finden von Bakterien suchen dagegen nach der DNA und RNA der Bakterien, ihrer genetischen Lebensleiter. Diese Tests sind sehr schnell und sehr billig.

Als die norwegische Wissenschaftlerin Vigdis Torsvik erstmals einen DNA-Test an einem einzigen Gramm Boden ausprobierte, fand sie rund 10 000 verschiedene Bakterienarten; das vergleiche man mit den 5000 Arten von Bakterien, die in über hundert Jahren der Bakteriologie mit den alten Verfahren entdeckt wurden!

Ein großes Problem ist heute der »Verlust der Biodiversität«, der natürlichen Artenvielfalt. All die verschiedenen Tiere, Pflanzen und Insekten haben uns etwas zu bieten. Aber könnten wir jemals einen Verlust an Biodiversität bei Bakterien erleben?

Das erscheint nahezu unmöglich. Doch manche dieser Bakterien sind ziemlich spezialisiert, und mit dem Verschwinden ihres Wohnorts verschwinden auch sie. So leben von jedem Insekt mindestens hundert verschiedene Bakterien; wenn die betreffende Insektenart ausstirbt, sterben möglicherweise auch diese Bakterien aus.

Ein grünes Schwefelbakterium namens *Chlorobium tepidum* kommt in nur vier heißen Quellen in Neuseeland vor. Eine davon ist Teil eines Entwässerungssystems unterhalb eines Motels. Wir kennen zwar das Testverfahren, um dieses Bakterium zu finden, und wissen sogar, wie man es züchtet, aber es ist nirgendwo sonst auf der Welt in einer heißen Quelle entdeckt worden.

Bakterien sind so nützlich, daß Wissenschaftler überall nach ihnen suchen – im Boden und in Fledermaushöhlen, auf dem Grund des Meeres und in heißen Quellen, in alten Fossilien und sogar in ägyptischen Mumien.

Noch ist es vielleicht zu früh für eine Kampagne »Rettet die Bakterien!« Vielleicht könnten wir aber anfangen mit »Findet die Bakterien!«

Neue Bakterientests Dank der Fortschritte in der Molekularbiologie gibt es neue Tests zum Aufspüren von Bakterien.
Ein sehr verbreiteter Test sucht nach dem Ribosom, das eine der vielen winzigen biologischen Maschinen innerhalb der Zelle ist. Ein Ribosom stellt Proteine her. Zwischen den Ribosomen von Bakterien verschiedener Arten

bestehen nur ganz geringe Unterschiede. Dieser Test sucht nach einem ganz kleinen Teil des 16S-rRNA-Ribosoms. Nach dem 16S-rRNA-Ribosomtest sind wir Menschen praktisch identisch mit Hunden und kaum zu unterscheiden von Wombats. Falls der 16S-rRNA-Ribosomtest also einen Unterschied zwischen zwei Arten erkennt, müssen sie tatsächlich sehr verschieden sein. Ginge es nach diesem Test, würde die Zahl der überhaupt lebenden Arten wahrscheinlich sehr klein ausfallen. Und weil es bei diesem Test nicht erforderlich ist, daß die Bakterien mit einer von ihnen geschätzten Nahrung gefüttert werden, ist er sehr schnell und sehr billig.

Leben im Untergrund

Leben ist für unsere Vorstellung etwas, das sich ziemlich nah an der Oberfläche unseres Planeten abspielt. Die Tiere laufen schließlich auf der Oberfläche umher, und die meisten Meereslebewesen verbringen praktisch ihr ganzes Dasein innerhalb weniger hundert Meter von der Oberfläche. Die Vögel fliegen in der Luft umher, doch abgesehen von wenigen Ausnahmen wie dem Albatros (der ganze Monate im Flug verbringen kann) verbringen die meisten eine Menge Zeit in der Nähe der Oberfläche. Jetzt hat es aber den Anschein, als gäbe es Leben in den kilometertiefen Gesteinen unter unseren Füßen.

Für das Überleben sind nur wenige wichtige Zutaten erforderlich. Erstens braucht man eine Energiequelle. Dann braucht man verschiedene Nährstoffe und Mineralien, die das Lebewesen als Bausteine für seinen Körper nutzen kann. Schließlich braucht man Flüssigkeiten, nicht nur innerhalb des Körpers, sondern auch für die Herbeischaffung von Nahrung und die Beseitigung von Abfallstoffen.

Bakterien verstehen sich glänzend darauf, an den unwahrscheinlichsten Orten zu überleben. Man hat sie in Schloten in 3000 Metern Tiefe auf dem Meeresboden gefunden, wo heißes Wasser mit Temperaturen von bis zu 370 Grad hervorschießt. Man hat sie auch gefunden in heißen Quellen im Yellowstone-

Park in den USA, in aktiven Vulkanen, in riesigen Ölvorkommen, die drei Kilometer unter der Oberfläche der Nordsee liegen, und sogar unter dem Dauerfrostboden von Alaska.

Diese jüngst entdeckten Bakterien unterscheiden sich in einer wichtigen Hinsicht von praktisch allen sonstigen Lebensformen auf unserem Planeten: Sie sind für ihre Energie nicht auf die Sonne angewiesen.

Wir bekommen unsere Energie durch den Verzehr von Tieren und Pflanzen. Die Tiere bekommen ihre Energie durch den Verzehr von Pflanzen, und diese Pflanzen bekommen ihre Energie von der Sonne durch Photosynthese. Wir Menschen bekommen unsere Energie also indirekt von der Sonne. Und alle Bakterien, die von uns leben, bekommen ihre Energie letztlich ebenfalls von der Sonne.

Aber diese Untergrund-Bakterien sind anders. Sie bekommen ihre Energie von den chemischen Bindungen, die sie aufbrechen, wenn sie große Moleküle in kleine Moleküle verwandeln.

Die andere Auffälligkeit an diesen Untergrund-Bakterien ist, daß sie es offenbar heiß mögen, sehr viel heißer, als wir Menschen es ertragen können. Wenn die Temperatur über 41 Grad steigt, treten bei uns Menschen schwere Proteinschädigungen auf. Doch manche dieser Bakterien fühlen sich bei Temperaturen um 110 Grad pudelwohl: Sie leben, wachsen und teilen sich. Einige Bakterien können sogar kurze Temperaturphasen um 370 Grad überstehen.

Wie Karl Stetter und Angelika Hoffmann von der Universität Regensburg herausgefunden haben, stellen einige dieser Hochtemperatur-Bakterien spezielle Substanzen her, die den Zerfall von Proteinen verhindern. Und wenn Proteine durch hohe Temperaturen beschädigt wurden, können diese Bakterien sie sogar wiederherstellen.

Professor Lloyd Hamilton, Geologe an der Queensland University of Technology, hat mikroskopische Reste von Bakterien in festem Gestein gefunden. Er fand sie in Quarz in Saudiarabien und in dem Blei-Zink-Silber-Lager am McArthur River im

Northern Territory Australiens. Mit einem Mikroskop kann man tatsächlich fossilisierte Bakterien erkennen, die heute lebenden Bakterien sehr ähnlich sind. Nach Ansicht von Professor Hamilton könnten Bakterien in einigen Fällen bei der Entstehung großer Lagerstätten diverser Mineralien eine wichtige Rolle gespielt haben.

Die Küche ist dreckiger als die Toilette! Bei Bakterien denken die meisten Leute zuerst an die Toilette. Doch wenn Wissenschaftler von der Universität von Arizona in Tucson nachschauen, finden sie stets, daß die Küchen dreckiger sind als die Toiletten.

Die Bakterien, die mit den menschlichen Ausscheidungen zu tun haben, nennt man »fäkale Kolibakterien«. Wenn die Wissenschaftler den Rand einer Toilette abtupfen, finden sie kaum jemals fäkale Kolibakterien, aber in der Küche finden sie sie überall.

Der Grund ist einfach: Wenn Sie die Toilette benutzt und die Spülung betätigt haben, beginnen Tröpfchen des Wassers, mit dem die Toilettenschüssel gespült wurde, sofort zu verdunsten. Auf der glatten Porzellanoberfläche finden die Bakterien kein Versteck, und nach einigen Stunden gehen sie ein.

Die Spüle in der Küche ist dagegen eine Brutstätte von fäkalen Kolibakterien. Sie mögen rostfreien Stahl vielleicht für vollkommen glatt halten, doch für ein Bakterium ist er eine zerklüftete Landschaft mit hohen Bergen und tiefen Tälern und einer Menge guter Verstecke. Sobald es eine gute Stelle gefunden hat, bildet es einen Klebstoff, mit dem es sich dort einzementiert. Bald gesellen sich andere, nicht mit ihm verwandte Bakterienarten hinzu. Das Abwischen mit dem feuchten Schwamm wird die Bakterien nicht aus dem rostfreien Stahl vertreiben – es trägt sogar noch mehr Bakterien hinein. Solange Ihr Schwamm feucht ist, können die Bakterien überleben. Selbst wenn Sie ihn allmählich an der Luft trocknen lassen, halten die Bakterien es noch einige Tage aus.

Diese Untersuchung wurde von Carlos Enriquez und seinen Kollegen an der Universität von Arizona durchgeführt. In einem Haus stellten sie fest, daß alle mit einem Schwamm abgewischten Oberflächen in der Küche stark mit fäkalen Kolibakterien verseucht waren. Doch am sechsten Tag fanden sich auf den Oberflächen keine Keime mehr. Die Familie hatte, wie sich herausstellte, am Abend des fünften Tages den verbrauchten Schwamm weggeworfen und durch einen neuen ersetzt.

Brotschneidebretter haben eine Oberfläche, die noch viel zerklüfteter ist

als rostfreier Stahl, und so siedelt dort eine Menge Bakterien. Cliver und Paul K. Park von der Universität von Kalifornien in Davis fanden heraus, daß man Brotschneidebretter und Wischschwämme in der Mikrowelle sterilisieren kann.
Sie verteilten absichtlich Bakterien auf Brotschneidebretter und brieten sie dann in einem 800-Watt-Mikrowellenherd. Nach nur zwei bis drei Minuten war das hölzerne Brett knochentrocken und völlig frei von Bakterien. Wahrscheinlich waren die Bakterien zerkocht worden. Bei Brotschneidebrettern aus Plastik funktionierte das jedoch nicht, vermutlich deshalb, weil der Kunststoff von Natur aus kein Wasser enthält, das sich erhitzt und dann die Bakterien tötet. Man kann jedoch sämtliche Bakterien auf einem Brotschneidebrett aus Kunststoff dadurch töten, daß man es im Normalgang im Geschirrspüler spült.
Die Mikrowelle taugt auch zum Sterilisieren von Schwämmen. Ein feuchter Schwamm ist nach einer Minute steril, ein trockener nach nur 30 Sekunden. Es gibt inzwischen sogar Schwämme zu kaufen, in die bakterientötende Substanzen eingebaut sind. Solche Substanzen könnten auch in die glatten Oberflächen Ihrer Küche eingebaut werden.

Anscheinend besitzt unser Planet eine verborgene Biosphäre, ein ausgedehntes Bakterienleben in den Gesteinen unter unseren Füßen. Auf jeden Fall können Bakterien in drei Kilometer Tiefe überleben, und wahrscheinlich können sie sogar im Great Artesian Basin überleben, das in acht Kilometer Tiefe liegt. Nach der Entdeckung dieser Bakterien muß das Buch der Evolution möglicherweise umgeschrieben werden: Vielleicht begann das Leben nicht an der Oberfläche, sondern im Untergrund.

Auch könnten diese Bakterien uns Hinweise bezüglich des Lebens auf dem Mars liefern. Als die Viking-Raumsonde 1976 auf dem Mars landete, fanden die Wissenschaftler keine eindeutige Antwort auf die Frage, ob es dort oben Leben gibt. Man sollte jedoch bedenken, daß einer der Pole des Mars mit Eis aus Wasser bedeckt ist, und so könnte es möglicherweise einen Kilometer tiefer genau die richtige Temperatur für ein florierendes Leben geben. Vielleicht haben die Wissenschaftler, als sie die Oberfläche untersuchten, an der falschen Stelle gesucht.

Von alten Speeren zu fliegenden Lasern

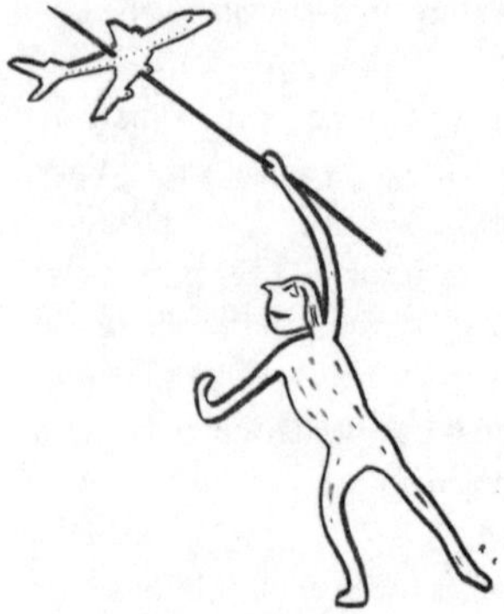

Die Forderungen der Militärs können die technische Entwicklung gelegentlich unglaublich beschleunigen. So gab es, als der Zweite Weltkrieg begann, noch Doppeldecker aus Holz. Sechs Jahre später hatten wir Düsenflugzeuge und Raketen.

Bedauerlicherweise zielt die gesamte militärische Technik letztlich darauf ab, anderen Menschen auf irgendeine Weise zu schaden. Doch ohne Speere in unserer fernen Vergangenheit hätten wir nicht so wirksam Tiere töten können, um sie zu verzehren. Und oft fällt bei der potentiell zerstörerischen militärischen Technik etwas für eine friedlichere Anwendung ab.

Alte Speere

Eine der zehn Großen Fragen ist: Woher kommen wir? Noch haben wir nicht die vollständige Antwort auf diese wirklich sehr große Frage, aber wir kommen ihr näher. Wir haben mittlerweile recht verläßliche Beweise dafür, daß unsere Vorfahren vor 400 000 Jahren fähig waren, mit ihrem Kopf vorauszuplanen und mit ihren Händen geschickt etwas zu bauen.

Was uns Menschen angeht, kam die Evolution über lange

Zeiten nur schleppend und dann während eines kurzen Zeitraums sehr rasch voran.

Hier ein grober Überblick. Vor rund 400 Millionen Jahren eroberte tierisches Leben das Land. Eines der Merkmale ihrer fischigen Vorfahren behielten die meisten Tiere bei: Die Beine waren wie bei heutigen Krokodilen seitlich am Körper angebracht. Die Dinosaurier hatten den großen Vorteil, daß sich die Beine bei ihnen direkt unter dem Körper befanden. Damit behaupteten sie sich 200 Millionen Jahre lang an der Spitze der Nahrungskette, bis vor rund 65 Millionen Jahren (der im Jahr 1997 gängigen Theorie zufolge) ein Gesteinsbrocken von zehn Kilometern Durchmesser auf die Erde schlug und die Dinosaurier auslöschte. Er erzeugte bei seinem Aufprall eine so gewaltige Staubwolke, daß die Erde fast augenblicklich in tiefsten Winter gestürzt wurde. Das Gestein verdampfte, die Reste stiegen zum Himmel empor, und wo sie sich, um die halbe Erde verteilt, absetzten, gingen die Bäume in Flammen auf. Nach der Rußmenge zu urteilen, die in den geologischen Schichten aus der Zeit gefunden wurden, müssen rund 90 Prozent aller Bäume verbrannt sein. In die vielen geologischen Nischen, die durch den Tod der Dinosaurier unbesetzt blieben, drangen die Säugetiere vor.

Vor rund 55 Millionen Jahren gab es ein Geschöpf, das ungefähr so groß war wie ein zweijähriges Kind und auf seinen Hinterbeinen ging. Es entwickelte sich zu mehreren Arten von Zweifüßern. Vor etwa drei Millionen Jahren hatte einer dieser Zweifüßer, unser direkter Vorfahr, ein Gehirn, das etwa halb so groß war wie das eines modernen Menschen, und er war so groß wie ein Halbwüchsiger.

Nun kam es zu einer unglaublich raschen Evolution. Innerhalb von nur drei Millionen Jahren verdoppelte sich das Hirnvolumen. Unsere Vorfahren vor 2500 Jahren hatten dasselbe Hirnvolumen wie wir heute. Sie hatten Zugang zu weit weniger »Wissen« als wir heute, aber sie waren genauso »klug« wie wir. Die Astrologen und Astronomen von Babylon konnten vor

2500 Jahren sogar Sonnen- und Mondfinsternisse vorhersagen. Sie kannten den Saroszyklus von 18 Jahren (genaugenommen 6585 $^{1}/_{2}$ Tage), der für die Berechnung von Finsternisssen wichtig ist. Da ich selbst nicht in der Lage bin, eine Finsternis vorherzusagen, habe ich großen Respekt vor ihrer Intelligenz. Aber auf welcher Stufe zwischen dem Vorfahren vor drei Millionen Jahren und uns ist die »Intelligenz« (was immer das ist) in Erscheinung getreten?

Die erste Waffe Der Speer, ein zugespitzter Stock, war vermutlich die erste Waffe, die von Menschen gegen Feinde oder Tiere benutzt wurde. Diesen Stab-mit-einer-scharfen-Spitze-am-einen-Ende kann man sowohl als Stoßwaffe verwenden wie auch aus der Entfernung schleudern. In Mesopotamien haben Heere schon im Jahr 3200 v. Chr. Speere verwendet. Die Griechen wandelten den Speer um das Jahr 1000 v. Chr. zu einem zwei bis drei Meter langen Spieß um.
Die Sarissa, ein vier bis 6,5 Meter langer Spieß, wurde um 350 v. Chr. von Philipp II. von Makedonien eingeführt. Dieser extralange Spieß hatte den Vorteil, daß man die feindlichen Griechen damit stechen konnte, bevor sie einen mit ihren kürzeren Spießen erwischen konnten. Die Sarissa war eine der Hauptwaffen, mit denen Alexander der Große sein riesiges Imperium schuf.
Die Römer ihrerseits modifizierten den Speer zum Pilum, einem etwa zwei Meter langen Wurfspieß.
Vom 14. bis 16. Jahrhundert waren die Schweizer mit dem Spieß unschlagbar, und sie dienten diversen europäischen Herrschern als Söldner. Der Speer wurde auch zur Lanze modifiziert, die Soldaten zu Pferde benutzten. Der letzte nennenswerte Einsatz von Speer oder Lanze erfolgte am Beginn des Zweiten Weltkriegs im September 1939, als tapfere polnische Kavalleristen deutsche Panzer zu Pferde angriffen.

Eines, was Menschen tun, ist kämpfen, und der Speer ist wahrscheinlich eine der ersten Waffen, die er erfunden hat. Der älteste Beweis dafür, daß unsere Vorfahren Tiere töteten, findet sich an den Rippen eines Mastodons (eines Urelefanten), das man in Ohio entdeckt hat. Dieses Mastodon war vor 12 000 Jahren gestorben, und die Rippen zeigen eindeutige Spuren von Speerverletzungen.

Jetzt scheint es allerdings, als reiche die Geschichte der Speere noch weiter zurück.

1995 wurden in einem sechs Quadratkilometer großen Braunkohletagebau im niedersächsischen Schöningen drei Speere entdeckt, die 400 000 Jahre alt sind. Man fand sie in der Nähe von Steinwerkzeugen, inmitten von Tausenden von Pferdeknochen (viele davon mit Anzeichen einer Metzelei). Die Speere sind zwei Meter lang, und ihr Schwerpunkt liegt, genau wie bei modernen olympischen Speeren, im vorderen Drittel ihrer Länge. Sie wurden senkrecht aus einer dreißigjährigen Fichte zurechtgeschnitten, und die Speerspitze wurde aus dem härteren Holz in der Nähe der Baumwurzel geschnitzt. Diese beiden Tatsachen – die Lage des Schwerpunkts der Speere und die Anfertigung der Spitze aus dem härteren Holz – zeigen uns, daß unsere Vorfahren vor 400 000 Jahren Intelligenz besaßen, weit vorausplanten, ihr Wissen von einer Generation an die andere weitergaben, die nötige Geduld hatten, die man braucht, um Werkzeuge herzustellen, und Meister der Werkzeugbearbeitung waren.

Die gute Nachricht ist, daß wir der Antwort auf die Frage »Woher kommen wir?« allmählich näherkommen. Die schlechte Nachricht ist, daß der 50 Meter hohe Schaufelradbagger in Schöningen, der sich mit seinem elf Meter hohen Schaufelrad in jeder Minute durch mehrere Tonnen Kohle graben kann, sich noch immer durch die Braunkohle wühlt – und damit durch möglicherweise vorhandene Spuren unserer Vorfahren.

So zerstören wir, indem wir um unserer Zukunft willen graben, Beweise unserer Vergangenheit.

Der Scharfschütze

Allgemein gilt der Scharfschütze als ein geübter Schütze, der normalerweise dem Militär angehört und aus einem Versteck heraus feindliche Soldaten entdecken und töten soll. Die Kugeln, die eine nach der anderen scheinbar aus dem Nichts kommen, üben auf den Feind eine sehr demoralisierende Wirkung aus. Es ist vorgekommen, daß ein geübter Scharfschütze ein ganzes Bataillon am Vormarsch hindern konnte. Der Vorteil des Scharfschützen wird nun aber durch eine technische Neuerung zunichte gemacht: das Aufspüren der ankommenden Kugel.

Zur Geschichte der Scharfschützen Im 12. Jahrhundert wird erstmals von Scharfschützen berichtet. Damals verteidigten sich die Waliser mit ihren Langbögen gegen die normannischen Eindringlinge.
Bei den Royal Marines wird die Aufgabe des Scharfschützen ziemlich genau definiert. Sie besteht darin, »sich an ein gut getarntes Ziel heranzuschleichen, es ausfindig zu machen und zu beobachten, um dann Personal und Gerät mit Präzisionsfeuer zu vernichten, unter Nutzung aller Möglichkeiten von Waffe, Optik und Munition«.

Um das Jahr 1450 tauchten an Gewehren die ersten Visiere auf, um die Zielgenauigkeit zu verbessern. König Friedrich der Große von Preußen beschrieb einmal, wie er beim Scheibenschießen ein Gewehr mit Zielfernrohr benutzt hatte. Im amerikanischen Unabhängigkeitskrieg knallten Hinterwäldler regelmäßig britische Offiziere aus dem Hinterhalt ab.

Das englische Wort für Scharfschütze, »sniper«, geht eigentlich auf die Schnepfe zurück, englisch *snipe*. Dieser ziemlich kleine gesprenkelte Vogel hat einen langen, schmalen Schnabel, mit dem er im Sumpf nach Maden und Würmern stöbert. Die Begriffe »sniper« und »sniping« wurden Ende des 18. Jahrhunderts von britischen Offizieren erfunden, die in Indien dienten. Sie jagten sehr gern Schnepfen, was allerdings nicht einfach war, denn wenn man Schnepfen aus dem Gras aufscheucht, gehen sie in einen Zickzackflug über, bei dem sie schwer zu treffen sind. Die britischen Offiziere schlichen sich getarnt und möglichst unauffällig an die Schnepfen heran, um sie zu töten, und so kam das Wort »sniper« als Bezeichnung für Scharfschützen in die englische Sprache.

Die Geschichte weist viele berühmte und unrühmlich bekannte Scharfschützen auf, darunter Lee Harvey Oswald, der angeblich Präsident John F. Kennedy erschoß, und James Earl Ray, der angeblich Martin Luther King jr. erschoß. In der »Sniping Hall of Fame«, die man im Internet finden kann, wird der Marine Gunnery Sergeant Carlos Hathcock als einer der besten Scharfschützen aller Zeiten eingestuft. Ihm werden im Vietnamkrieg 93 bestätigte und 200 unbestätigte Abschüsse zugeschrieben. Und es gibt etliche Fälle, in denen ein Geiselnehmer, der seine Opfer mit vorgehaltener Waffe bedrohte, von einem polizeilichen Scharfschützen mit so chirurgischer Präzision getötet wurde, daß die Geiseln unverletzt blieben.

Die drei besten derzeit benutzten Scharfschützengewehre sind das Heckler & Koch PSG-1, das Accuracy International L96A1 und das Barrett Model 82A1. Das Barrett hat eine enorme Durchschlagskraft und jagt die Kugeln mit einer Geschwindigkeit von 853 Metern pro Sekunde aus der Mündung. Noch in einer Entfernung von 1500 Metern kann das Geschoß mühelos eine dicke Ziegelmauer durchschlagen.

Trotz all der Hightech-Waffen, die auf dem Schlachtfeld zum Einsatz kommen, ist der Scharfschütze auch heute noch einer der gefürchtetsten Soldaten. Gewöhnlich wählt der Scharfschütze einen gut getarnten Standort, um wichtige Ziele wie Funker oder Offiziere auszuschalten, bevor er sich unentdeckt wieder zurückzieht. Jetzt gibt es aber technische Neuentwicklungen, die dem Scharfschützen das Handwerk erschweren.

Eine dieser Erfindungen benutzt passive Sonarsensoren, die den Schall aufspüren, den die Kugel auf ihrem Flug durch die Luft erzeugt. Die Information der Sensoren wird augenblicklich verarbeitet, um die Bahn, die Höhe, den Flugwinkel, die Geschwindigkeit und die Größe der ankommenden Kugel zu berechnen. Man erfährt sogar, mit welchem Abstand die Kugel einen verfehlen wird – wenn man Glück hat. Das System ist vollkommen passiv; es sendet kein Signal wie etwa Radar aus, um die Kugel zu finden. Der Feind kann es daher nicht aufspüren.

Ein anderes System wird gerade vom Lawrence Livermore National Laboratory in Kalifornien entwickelt. Es kann nicht nur ankommende Kugeln, sondern auch Raketen und Artilleriegranaten verfolgen. Es lauscht nicht auf den Schall, den die Kugel erzeugt, sondern sucht nach der Wärme, die sie beim Flug durch die Luft abgibt.

Mit diesen neuen Techniken verlieren Scharfschützen ihren wertvollsten Trumpf, die Unsichtbarkeit. Sobald der Scharfschütze eine Kugel abfeuert, kommt ihm die neue Technik auf die Spur. Der erste Schuß des Scharfschützen könnte daher auch sein letzter gewesen sein.

Fliegende Laser

Im Golfkrieg von 1991 sahen sich die technisch überlegenen alliierten Streitkräfte außerstande, mit den billigen und tückischen irakischen Skud-Raketen fertigzuwerden. Natürlich gelang es den alliierten Streitkräften hin und wieder, die anfliegenden Skud-Raketen mit ihren eigenen Patriot-Abwehrraketen zu treffen. Aber recht häufig richteten die vielen kleineren Trümmerteile der gleichzeitigen Explosion der Patriot- und Skud-Raketen mehr Schaden an, als entstanden wäre, wenn man die Skud einfach hätte weiterfliegen und ihr Ziel erreichen lasssen.

Es mußte etwas Besseres geben, und tatsächlich gab es etwas Besseres: einen großen, dicken Laser.

Seit der Erfindung des Lasers im Jahr 1960 ist er für alle möglichen Zwecke genutzt worden: zum Schneiden und Messen in der Industrie, zur Messung von Luft- und Wasserverschmutzung in der wissenschaftlichen Forschung, zum Wegschneiden erkrankter Körperteile in der Medizin, zum Verschicken von riesigen Informationsmengen in der Kommunikationstechnik, zur Identifikation von Lebensmitteln an der Supermarktkasse und sogar zur Herstellung dreidimensionaler Hologramme in den Künsten.

Die Militärs gierten seit jeher nach dem Laser als Waffe. Im

März 1983, noch während des Kalten Krieges, schlug Präsident Reagan denn auch vor, mit dem Bau eines Raketenabwehrsystems zu beginnen. Bei diesem sogenannten Star-Wars-System sollten von gigantischen Lasern am Boden ausgesandte Strahlen, an »Kampfspiegeln« reflektiert, anfliegende Raketen vernichten.

Laser findet Keime Der Caliope-Laser wurde entwickelt, um nach Anhaltspunkten für die Herstellung von chemischen oder biologischen Kriegswaffen zu fahnden. Dieser amerikanische Laser, für den die Geheimhaltung vor einiger Zeit aufgehoben wurde, kann über eine Entfernung von bis zu 18 Kilometern Unterschiede zwischen Bakterien erkennen. Der Caliope-Laser schickt einen Strahl aus, der von den Keimen zurückgeworfen wird, und das komplexe Bild des zurückgeworfenen Lichts wird dann untersucht »von Computerwesen (auch als genetische Algorithmen bezeichnet), deren Aufgabe es ist, die Daten zu analysieren und den Job der Evolution nachzuahmen«. Dieses System kann, obwohl es nur ein Prototyp ist, den Unterschied zwischen Bakterien wie *E. coli* und *Streptococcus* erkennen.

Durch die Analyse des von Fabrikschornsteinen reflektierten Lichts hat es schon herausgefunden, was in der Fabrik produziert wird. Der Prototyp leistet hervorragende Arbeit, ist aber zu groß, um in einen unbemannten Flugkörper oder einen Satelliten zu passen. Doch in fünf Jahren sollte er klein genug sein, um hineinzupassen.

Das ließe sich doch für friedliche medizinische Zwecke nutzen! Man könnte dann einen schwachen Laserstrahl auf geschwollene Mandeln oder auf die Hände des Patienten richten und wüßte sofort, welche Bakterien am Werk sind.

Sie waren ein verlockendes Ziel. Die mit Flüssigtreibstoff angetriebenen Raketen hatten eine dünne Hülle, und wenn es gelang, einen hinreichend starken Strahl auf diesen Raketentank zu richten, würde er sekundenschnell ein Loch hineinbrennen.

Aber es gab zuviele Probleme.

Erstens sind die meisten Laser ziemlich schwach, nur einige Tausendstel Watt, und um Metall zu durchschneiden, braucht man Millionen von Watt.

Zweitens ist unsere Atmosphäre nicht völlig gleichförmig, sondern von Turbulenzen erfüllt. Wenn Sie je mit einem Flugzeug geflogen sind, haben Sie damit Bekanntschaft gemacht. Erzeugt werden sie von Luftzellen, deren Temperatur ein wenig von der Umgebung abweicht. Manche dieser Zellen haben einen Durchmesser von einem Meter, und sie wirken sich doppelt nachteilig auf einen großen, dicken Laserstrahl aus: nicht nur, daß sie den Strahl verbreitern und abschwächen, sie lenken ihn auch von dem sich schnell bewegenden Ziel ab.

Drittens: Wie findet man das winzige, sich schnell bewegende Ziel?

Viertens: Wie lenkt man den Strahl so genau, daß er nur einen winzigen Teil der anfliegenden Rakete erhitzt – und das aus einer Entfernung von mehreren hundert Kilometern?

Es war alles viel zu schwierig, und deshalb ließ man, nachdem 30 Milliarden Dollar für Star Wars ausgegeben worden waren, das Projekt auslaufen. Aber die Technik schreitet fort, und nun glaubt die amerikanische Luftwaffe, das Ganze in einen 747-Jumbojet stopfen zu können. Die Firmen Boeing, Lockheed-Martin und TRW bekamen den milliardenschweren Auftrag, einen »Airborne Laser« zu bauen.

TRW hat einen Laser präsentiert, der 400 000 Watt erzeugen kann. Ein Dutzend dieser Laser könnte fünf Millionen Watt auf das Ziel abfeuern. Da der Laser geschickt umweltfreundliche Chemikalien nutzt, ist es möglich, an Bord einer Boeing 747 genügend Brennstoff für 30 Laserschüsse mitzunehmen, die jeweils fünf Sekunden dauern. Pro Schuß werden Chemikalien im Wert von 1000 Dollar verbraucht.

Lockheed-Martin präsentierte ein cleveres Verfahren, die Rakete zu finden: Zunächst wird nach der heißen Ausströmdüse der Rakete gesucht, dann wird die Rakete mit schwachen Laserstrahlen »bestrichen« und das reflektierte Licht analysiert, um die Rakete zu orten, und schließlich wird der große, dicke Killer-Laserstrahl losgelassen.

Aber was ist mit der turbulenten Atmosphäre? Dafür hat

Lockheed-Martin ein Verfahren entwickelt, um genau herauszufinden, was für Turbulenzen sich zwischen der 747 und dem Ziel befinden; sie lassen sich dadurch neutralisieren, daß die Form des Spiegels, von dem der Laserstrahl reflektiert wird, geändert wird, und zwar etliche tausend Mal in der Sekunde.

Sieben dieser fliegenden Festungen sollen bis 2008 fertig sein, für rund fünf Milliarden Dollar. Licht besteht aus Photonen, und so wird der Kapitän wie in *Star Trek* sagen: »Feuert die Photonentorpedos ab!«

Vielleicht wird dieses beeindruckende Ergebnis von Star Wars eine friedliche Anwendung finden. Wenn es mit Lichtgeschwindigkeit einen Energiestrahl herausschleudern kann, dann kann es ja vielleicht auch einen anfliegenden Asteroiden von seiner Bahn ablenken.

Die Geschichte des Radars

Nikola Tesla, der in Kroatien geborene amerikanische Wissenschaftler, der den modernen Wechselstrommotor erfand, sprach im Jahr 1900 als erster von der Möglichkeit, Radiowellen zur Suche nach bewegten Objekten zu nutzen.

Der deutsche Ingenieur Christian Hülsmeyer nutzte im Jahr 1904 Radiowellen, um Schiffe in einer Entfernung von zwei Kilometern zu orten. Überzeugt davon, daß es helfen könne, die Kollision von Schiffen auf See zu verhindern, ließ er sein Gerät patentieren.

Der nächste Schritt wurde 1922 mit der Zusammenarbeit zwischen dem italienischen Physiker Guglielmo Marconi und den amerikanischen Erfindern A. H. Taylor und L. C. Young unternommen. Ihre Erkenntnis: Wenn man die Geschwindigkeit kannte, mit der Radiowellen sich fortpflanzen, und wenn man die Zeit, die das Radarsignal brauchte, um zur eigenen Antenne zurückzukehren, genau messen konnte, dann konnte man die Entfernung zu dem Objekt berechnen. 1932 konnte das

US Naval Research Laboratory Flugzeuge in einer Entfernung von 80 Kilometern orten.

1936 benutzte der schottische Physiker R.A. Watson-Watt ein Hohlraummagnetron, um die von dem Radargerät ausgestrahlten Radarimpulse zu verstärken. Und er benutzte einen Verstärker, um das Signal der Echos zu verstärken. Diese Verbesserungen wurden als Radiodetektor-Fernmeßgerät in die Kette der Radarstationen an der britischen Küste einbezogen. Die Amerikaner nahmen 1939 an diesem Gerät weitere Verbesserungen vor und nannten ihr Gerät SCR-270.

1938 war in Zusammenarbeit zwischen Telefunken und der Luftwaffe in Würzburg ein 560-Megahertz-Radargerät erfolgreich getestet worden.

Als 1939 der Zweite Weltkrieg ausbrach, waren sowohl Frankreich als auch Japan, Deutschland, das Vereinigte Königreich und die Vereinigten Staaten dabei, die Radartechnik zu erforschen.

Die Deutschen hatten bereits ihr erstes Radargerät, das mit 125 Megahertz arbeitende »Freya«, für die Fernaufklärung der Kriegsmarine im Einsatz. Göring leitete die Radarforschung an rund 200 deutschen Instituten und acht militärischen Forschungsstellen. Doch 1940 machte Deutschland einen großen Fehler: Hitler, der keinerlei wissenschaftliche Kenntnisse besaß, verbot jegliche Erforschung der Elektronik, weil diese seiner Meinung nach eine »jüdische Wissenschaft« war.

In den Anfängen traute man der neuen Radartechnik auch auf der Gegenseite nicht sonderlich. Am 7. Dezember 1941 fing die Opana Radar Station des 55. Signal Aircraft Warning Service bei Kahuku Point in Hawaii ein seltsames Radarsignal auf. Die diensthabenden Gefreiten verstanden das Signal so, daß sie in einer Entfernung von 220 Kilometern Flugzeuge im Anflug geortet hatten. Diese Information gaben sie an ihre Vorgesetzten weiter, die ihnen sagten, sie sollten das Signal ignorieren, da es sich um amerikanische Flugzeuge handeln müsse, die sich vom Festland her näherten. Tatsächlich handelte es sich bei den anfliegenden Flugzeugen um die ersten von 353 trägergestützten japanischen Kampfflugzeugen, die 18 amerikanische Kriegsschiffe versenkten oder beschädigten, 188 Flugzeuge am Boden zerstörten und 2330 Soldaten sowie 100 Zivilisten töteten.

Mittlerweile war das Vereinigte Königreich allen anderen auf dem Gebiet der Radartechnik weit voraus. Britische Wissenschaftler hatten das Hohlraummagnetron weiterentwickelt, das einen sehr schmalen Strahl von Radarwellen aussenden konnte. Damit ließ sich die Lage eines näherkommenden Flugzeugs sehr genau bestimmen. Außerdem war das Vereinigte Königreich die einzige Militärmacht, deren Radargeräte klein genug waren, um in Flugzeuge eingebaut zu werden. Somit konnten britische Jagdflugzeuge bei nächtlicher Dunkelheit deutsche Bomber ausfindig machen.

Um seinen militärischen Vorteil durch Geheimhaltung zu wahren, setzte das britische Luftfahrtministerium eine seltsame Geschichte in die Welt: Britische Nachtjäger, behauptete es, könnten deshalb so erfolgreich deutsche Bomber ausmachen und abschießen, weil sie regelmäßig Karotten verspeisten.

Daran ist etwas Wahres. Karotten sind reich an Karotin, das unser Körper in Vitamin A umwandelt. Und Vitamin A ist wichtig für den Aufbau des Sehpurpurs, eines Pigments, das die Stäbchen in der Netzhaut brauchen, um bei schwachen Lichtverhältnissen sehen zu können. Wer sich ausgewogen ernährt, bekommt durch den Verzehr von grünem Gemüse und Milchprodukten genügend Vitamin A – durch eine Zusatzdosis wird das Nachtsehvermögen nicht besser. Die Deutschen ließen sich jedoch durch die Geschichte täuschen, zumindest eine Zeitlang.

Der eigentliche Grund des Erfolgs der britischen Piloten war eine Kette von hundert Meter hohen Radarmasten, die man an der dem Kontinent zugewandten Küste Englands errichtet hatte. Diese Kette konnte deutsche Bomber aus rund 160 Kilometern Entfernung ausmachen.

1943 schossen die Deutschen ein britisches Flugzeug ab, das das streng geheime Radargerät an Bord hatte. Schlagartig erkannten sie, warum die Briten bei Nacht deutsche Bomber hatten abschießen können. Sie nahmen die Erforschung der Elektronik wieder auf, aber es war zu spät.

Mikroradars

Wenn Sie jemals in der Nähe eines Flughafens waren, haben Sie nahezu unvermeidlich wenigstens eine Radarschüssel zu Gesicht bekommen. Komplette Radarsysteme können sehr groß und sehr teuer sein. Eine der größten und teuersten Radaranlagen, die je gebaut wurde, war Bestandteil des amerikanischen Interkontinentalraketen-Frühwarnsystems. Sie kostete, als sie 1960 auf Grönland errichtet wurde, 500 Millionen Dollar. Doch nun hat es den Anschein, als hielte die Radartechnik Einzug in den Haushalt, mit einem kompletten Radargerät, das nur zehn Dollar kostet und so groß ist wie eine Streichholzschachtel.

Radar ist das Kürzel für »Radio Detection And Ranging«. »Radio Detection« bedeutet, mittels Radiowellen etwas zu finden, beispielsweise ein Schiff oder ein Flugzeug; »Ranging« bedeutet, seine Entfernung zu ermitteln. Ein Radargerät sendet Radiowellen aus und lauscht dann auf die Echos. Es mißt die Zeit, die bis zur Rückkehr des Echos vergeht, und errechnet daraus die Entfernung zu dem Objekt.

Die Geschichte des Mikroradars begann, als Tom McEwan als Elektronikingenieur bei den Lawrence Livermore National Laboratories in Kalifornien arbeitete. Er maß unglaublich kurze Energieimpulse, die von Kernreaktionen ausgingen. Er baute daher Hunderte von winzigen elektronischen Toren, die sich innerhalb von weniger als einer Milliardstelsekunde öffnen und schließen ließen. Mittels dieser Technik konstruierte er Mikro-Radargeräte.

Radar im All 1942, während der deutschen Bombenangriffe, bemerkten britische Radarbesatzungen eine seltsame Interferenz auf ihren Radarschirmen. Zunächst glaubte man an ein deutsches Störmanöver. Tatsächlich hatten sie als erste Radiowellen von der Sonne aufgefangen.
Zehn Jahre zuvor hatte der amerikanische Funkingenieur Karl Jansky ebenfalls Radiowellen aus dem All empfangen. Er hatte herausfinden wollen, wodurch kommerzielle Radiosignale gestört wurden. Er war ein guter Experimentator und erkannte, daß seltsame Radiosignale alle 24 Stunden, wenn die Milchstraße über seiner Antenne stand, ihre größte Stärke erreichten. Wie er richtig vermutete, lag es daran, daß die Radiosignale aus dem Zentrum der Milchstraße kamen.
Wasserstoff (chemisches Zeichen H) kommt in riesigen kalten Wolken des interstellaren Raums vor. 1945 erklärte der niederländische Astronom van der Hulst, von diesem Wasserstoff müßten Radiosignale mit einer Wellenlänge von 21 Zentimetern zu empfangen sein. Besonders aktiv waren diese Wasserstoffatome nicht – ein durchschnittliches, im All treibendes Wasserstoffatom würde sogar nur alle 11 000 Jahre eine winzige Strahlung emittieren.
Doch das All ist sehr groß, und es gibt dort eine ganze Menge Wasserstoffatome. 1951 entdeckte man das von van der Hulst vorhergesagte Radiosignal. Der Wasserstoff umlagerte in einer recht dünnen Schicht das Zentrum der Galaxie.
Das Hydroxyl-Molekül (chemisches Zeichen OH) fand man 1963 auf der Wellenlänge von 18 Zentimetern, ebenfalls in Wolken um das Zentrum der Galaxie.
Erst 1970 fanden Wissenschaftler in den Weiten des Alls endlich die Kombination von H und OH zu H_2O, dem Wasser. Sie entdeckten außerdem ein ziemlich kompliziertes Molekül namens Formaldehyd, und damit nahm die neue wissenschaftliche Disziplin der interstellaren Chemie ihren Anfang. In jener Zeit begann man darüber nachzudenken, ob aus Molekülen, die in riesigen Wolken zwischen den Sternen umhertrieben, Leben entstanden sein könnte. Heute ist die interstellare Chemie ein weitläufiges Feld, und sie hat schon Hunderte von chemischen Verbindungen im All entdeckt.
Bald wurde eine weitere wissenschaftliche Disziplin erfunden, die Radarastronomie. Sie schickt Radarsignale zu den Himmelskörpern des Sonnensystems und analysiert die Echos. Zuerst wurde der Mond kartiert, dann Mars und Venus. Wir können die Oberfläche der Venus nicht sehen, weil sie von dichten Wolken verhüllt ist. Die Radarastronomie konnte aber

nicht nur von der Erde aus eine grobe Karte von der Venus anfertigen, sondern auch deren Rotation messen. Auf der Venus dauert ein »Tag« 243 Erdentage, ein Jahr aber 225 Erdentage – auf der Venus ist der Tag also länger als das Jahr!
Weiter als bis zum Saturn reicht die Radarastronomie jedoch nicht. Jenseits davon sind die Entfernungen so groß, daß die zurückkommenden Signale für die Analyse zu schwach sind.

Sein Mikro-Radargerät sendet pro Sekunde eine Million Impulse aus, deren Dauer kürzer ist als eine Milliardstelsekunde. Es strahlt weniger als ein Millionstel der Energie aus, die von einem Mobiltelefon ausgeht, und gilt daher als vollkommen unbedenklich für Menschen. Es verbraucht so wenig Energie, daß es mit zwei Batterien acht Jahre lang läuft. Dennoch kann sein Mikroradar über eine Entfernung von 60 Metern Radarwellen senden und empfangen.

Das neue Mikroradar, sagt Tom McEwan, »entpuppt sich als ein Schweizer Messer«. Lawrence Livermore Laboratories hat bereits über tausend kommerzielle Anfragen erhalten und mehr als 30 Handelslizenzen erteilt.

Das erste kommerzielle Radar-Billigprodukt kann Armierungsstäbe im Beton exakt orten. Das Mikroradar kann aber auch tragende Holzpfosten hinter Ihren Gipswänden aufspüren, und vielleicht könnte es sogar Baumängel aufdecken.

Die Autohersteller möchten dieses Mikroradar als Gerät zur Kollisionsvermeidung einsetzen, das Ihnen beim Einparken hilft oder gar bei der Fahrt auf der Landstraße Einblick in den toten Winkel erlaubt.

Ideal wäre es für die Messung des Pegels von Flüssigkeiten. Die Bierbrauer können zur Messung des Bierpegels in ihren Bottichen keinen Ultraschall einsetzen, weil schon die schaumige Masse obendrauf ein so gutes Echo abgibt. Doch Radarwellen können durch den Schaum hindurch die Oberfläche der Flüssigkeit erkennen. Radarwellen könnten außerdem den Stand in Ihrem Benzintank, dem Kühler und der Ölwanne ermitteln. Waschmaschinen könnten mittels Radarwellen feststellen, mit wieviel Kleidung sie beschickt wurden, und dann die Wasser- und Waschmittelmenge entsprechend dosieren.

Die Ärzte sehen Hunderte von Anwendungen für billige Radargeräte. Radarwellen könnten durch Ihr Hemd und Ihre Haut hindurch die Bewegungen Ihres Herzmuskels »sehen«. Oder auch die Bewegung Ihrer Lunge. Daraus könnten Geräte entwickelt werden, um Kinder vor dem plötzlichen Kindstod zu bewahren. Das Mikroradar könnte selbst durch eine Matratze hindurch mühelos die Atmung des Babys überwachen.

Dieses Miniatur-Radar kostet zur Zeit etwa zehn Dollar und hat die Größe einer Streichholzschachtel. Doch wenn das Radar in die Massenproduktion ginge und zu einem Chip von der Größe des Nagels Ihres kleinen Fingers schrumpfte, könnte der Preis auf zehn Cent sinken.

Noch vor dreißig Jahren war der Laser ein sehr interessantes, aber nutzloses Laborgerät. Heute finden Sie Laser überall, in Ihrer HiFi-Anlage ebenso wie in Ihrem nächstgelegenen Supermarkt. Mit dem Mikroradar könnte dasselbe passieren. Allerdings könnte so ein Gerät sich als zweischneidiges Schwert erweisen. Einerseits werden sich für dieses Radar-auf-einem-Chip Tausende nützlicher Anwendungen finden. Andererseits wird es, wenn auch geringfügig, zu dem elektronischen Rauschen beitragen, das uns bereits von allen Seiten umgibt.

Rätsel der Mayas und verfehlte Landwirtschaft

Landwirtschaft und Muttermilch haben etwas gemeinsam: Alle glauben, daß sie einem guttut. Professor Michael Archer von der University of New South Wales behauptet jedoch, die Landwirtschaft sei die Hauptursache für den Niedergang vieler Ökosysteme in Australien. Er vergleicht Landwirtschaft und Bergbau bezüglich ihres Flächenverbrauchs und kommt zu dem Schluß, daß die Landwirtschaft 3500mal umweltschädlicher ist als der Bergbau. Das kann schon sein, nur kann man Steine nicht essen.

Jede große Zivilisation war auf die Landwirtschaft angewiesen, und die Mayas machten da keine Ausnahme. Einen eigenen politischen Verband bildeten sie schon im Jahr 2000 v. Chr., doch ihr goldenes Zeitalter war von nur sehr kurzer Dauer: Es reichte vom Jahr 250 bis zum Jahr 900. Dann brach ihre Gesellschaft auf einmal zusammen. Dieser Zusammenbruch stellte die Archäologen vor ein großes Rätsel, doch könnte einer Theorie zufolge eine bloße Wetteränderung daran schuld sein.

Rätselhafter Zusammenbruch der Mayas

Um das Jahr 100 begann auf einem langen, schmalen Landstreifen zwischen Nord- und Südamerika die Blütezeit der Maya-Kultur.

Die Mayas schufen eine großartige Zivilisation. Sie hatten keine Zentralregierung, sondern eine ganze Anzahl von selbständigen Stadtstaaten, die von Königen regiert wurden. Diese Stadtstaaten lebten meist in Frieden und trieben regen Handel miteinander. Die Architektur ihrer Städte nahm mit der Zeit immer kunstvollere Formen an, ihre Pyramiden wurden immer größer und ausgefallener. Versorgt wurden die Städte von Bauern, die Kakao, Baumwolle, Mais, Tabak und Obst anbauten. Die Maya-Städte erstreckten sich über Quadratkilometer und wiesen eine Bevölkerungsdichte auf, wie sie in dieser Region seither nicht mehr erreicht wurde.

Die Mayas waren fasziniert von der Zeit und der Astronomie. Fernrohre oder Uhren erfanden sie nicht, aber sie konnten Sonnen- und Mondfinsternisse vorhersagen. Besonders der Planet Venus hatte es ihnen angetan, und die Zeit, in der die Venus ihre scheinbare Bewegung über den Himmel vollendet, berechneten sie so genau, daß die Abweichung vom wahren Wert – 583,92 Tage – nur zwei Stunden beträgt.

Dem Kalender entnahmen sie, wann die beste Zeit für Aussaat und Ernte, für den Viehverkauf und die Jagd, aber auch für Kriegserklärungen und Friedensverhandlungen war. Ihr Kalender teilte wie der unsere das Sonnenjahr in 365 Tage ein. Sein Anfangsdatum war der 2. August 3114 v. Chr.

Maya-Kalender und Weltuntergang Die Mayas waren so sehr davon überzeugt, daß ihr Kalender die Zukunft vorhersagen konnte, daß ihr Herrscher im Jahre 1695 entschied, sie sollten sich den spanischen Invasoren ergeben. Das sei vom Kalender vorhergesehen, behauptete er. Daher ließen die Mayas die Spanier im Dezember 1695 wissen, sie glaubten, sie würden die Schlacht verlieren. Zur Schlacht kam es am 13. März 1697.

Die Mayas unterlagen, wie sie vorhergesehen hatten.
Eigentlich gibt es zwei Maya-Kalender: ein Sonnenjahr von 365 Tagen und ein heiliges Jahr von 260 Tagen. Nimmt man beide zusammen, ergibt sich ein kompletter Zyklus von rund 52 Sonnenjahren, nach welchem vorherige Perioden wiederkehren. Nach fester Überzeugung der Mayas kam es alle 52 Jahre zu (größeren und kleineren) Katastrophen.
Ihrem Kalender zufolge wird der nächste Zyklus am 23. Dezember 2012 enden – was von einfältigen Leuten so gedeutet wird, daß dann die Welt untergeht. Diese Ansicht teile ich, wie Sie vermutlich erraten haben, nicht.

Der Kalender der Mayas folgt einem Zyklus. Sie waren fest davon überzeugt, daß vergangene Ereignisse sich in der Zukunft wiederholen würden. Und das Ende des nächsten Zyklus wird ihrem Kalender zufolge am 23. Dezember 2012 eintreten.

Um das Jahr 800 begann das hochentwickelte Reich der Mayas zu zerfallen, und zweihundert Jahre später war fast nichts mehr von ihm übriggeblieben. Den Grund kennen wir nicht. Dr. David Hodell und seine Mitarbeiter an der Universität von Florida in Gainesville fanden jedoch heraus, daß die Maya-Zivilisation um das Jahr 800 von der größten Dürre seit 8000 Jahren heimgesucht wurde.

Anhand von Bohrkernen, die unter einem See auf der Halbinsel Yucatan erbohrt wurden, ermittelte das Team, welche Temperaturen vor 1200 Jahren herrschten. Besonders interessierten sich die Forscher für das *Wasser* in den Kernen.

Wasser besteht bekanntlich aus Wasserstoff und Sauerstoff. Da es zwei Sauerstoff-Isotope gibt, ein schweres und ein leichtes, gibt es auch zwei Wasser-Isotope, ein schweres und ein leichtes. Wasser verdunstet bei warmem Wetter, doch das leichtere Wasser verdunstet unter allen Bedingungen schneller. Und je heißer es wird, desto mehr leichteres Wasser verdunstet – zurück bleibt das schwerere Wasser. Wenn Sie in einem Bohrkern mehr schweres Wasser finden als normal, wissen Sie, daß das Klima damals heißer war.

Isotope Das Universum, wie wir es kennen, besteht aus etwa 92 Elementen. Von vielen dieser Elemente gibt es jedoch mehr als eine Spielart. Diese Spielarten nennt man Isotope.

Nach einer konventionellen Vorstellung ähnelt das Atom dem Sonnensystem: Um einen Kern in der Mitte kreist auf unterschiedlichen Bahnen eine Schar von Elektronen. Der Kern besteht aus positiv geladenen Protonen und Neutronen (die keine Ladung haben).

Wasserstoff, das einfachste aller Elemente, hat immer ein Proton. Dadurch hat der Kern eine positive Ladung, die ausgeglichen wird durch die negative Ladung eines einzelnen, den Kern umrundenden Elektrons.

Vom Wasserstoff gibt es drei verschiedene Isotope. Der Kern eines Wasserstoffatoms besteht entweder aus einem Proton (dann spricht man von Wasserstoff), aus einem Proton und einem Neutron (dann spricht man von Deuterium) oder aus einem Proton und zwei Neutronen (dann spricht man von Tritium).

Wasserstoff, Deuterium und Tritium sind allesamt Isotope des Elements, das wir Wasserstoff nennen. Diese drei Isotope werden mit ^{1}H, ^{2}H und ^{3}H bezeichnet.

Das Proton und das Neutron haben ungefähr dasselbe Gewicht, und beide sind rund 2000mal schwerer als das Elektron. Tritium ist also ungefähr dreimal so schwer wie Wasserstoff, Deuterium fast doppelt so schwer.

Sauerstoff hat drei Isotope: Sauerstoff 16, Sauerstoff 17 und Sauerstoff 18. Sie alle haben im Kern des Atoms zwei Protonen, aber unterschiedlich viele Neutronen: acht, neun oder zehn. Da ^{18}O etwa zwölf Prozent schwerer ist als ^{16}O, wird ^{16}O sich bei heißem Wetter rascher verflüchtigen als ^{18}O, und es bleibt mehr ^{18}O zurück.

Aber natürlich reicht eine verheerende Dürre nicht aus, um eine Zivilisation zu zerstören, die einst von der Halbinsel Yucatan in Mexiko über Guatemala und Belize bis nach Honduras reichte. Zufällig wurden um dieselbe Zeit die Städte sehr groß, so daß die Landwirtschaft unter starken Umweltstreß geriet. Auch hatte gleichzeitig die Qualität des Ackerbodens durch die Art, wie die Mayas den Ackerbau betrieben, schwer gelitten. Und um das Maß der Belastungen ihrer Gesellschaft vollzumachen, hatten die Stadtstaaten angefangen, sich untereinander zu bekriegen.

Die Theorie, der Zusammenbruch des Maya-Reiches sei von einer schweren Dürre angestoßen worden, veranlaßte Jeremy A. Sabloff vom Museum für Archäologie und Anthropologie der Universität von Pennsylvania zu der folgenden Frage: »Wie schwer müssen die internen Belastungen einer Zivilisation geworden sein, damit relativ geringfügige Klimaänderungen einen umfassenden Zusammenbruch auslösen können?«

Sie werden sich also überlegen müssen, was ein langer, heißer Treibhaus-Sommer unserer hochgradig belasteten Gesellschaft antun würde.

Landwirtschaft - der schlimmste Fehler der Geschichte?

War die Landwirtschaft der schlimmste Fehler, den wir Menschen in unserer ganzen Geschichte begangen haben? Ginge es uns besser, wenn wir Jäger und Sammler geblieben wären?

Wir in den reichen Ländern haben heute eine recht angenehme Lebensweise. Sauberes Wasser, gute Bildung und erstklassige ärztliche Versorgung sind für die meisten eine Selbstverständlichkeit, und viele können sich auch noch materielle Annehmlichkeiten wie einen Farbfernseher oder einen Zweitwagen leisten. Nach der herrschenden Theorie wurde all dieser Reichtum erst dadurch möglich, daß die Menschheit das Jagen und Sammeln aufgab und sich der Landwirtschaft zuwandte.

Nun denken Sie vielleicht, die Landwirtschaft sei nötig für eine stabile Grundlage der Gesellschaft, auf der uns dann die Künste und Wissenschaften einen Leonardo da Vinci und einen Beethoven, Skud-Raketen und Digitaluhren bescheren können. Bedenken Sie aber, daß die großartigen Schnitzereien und Höhlenmalereien im australischen Outback und in Frankreich vor bis zu 40 000 Jahren von Jägern und Sammlern geschaffen wurden.

Angeblich legt ein Jäger und Sammler keine Nahrungsvorräte an und baut keine Pflanzen an, so daß der Kampf um die Nahrung jeden Tag von neuem beginnt.

Doch die Kalahari-Buschmänner in Afrika wenden nur 19 Stunden pro Woche für die Nahrungsbeschaffung auf. Jeder bekommt täglich über 2000 Kalorien und 90 Gramm Protein – mehr, als er braucht. Außerdem stehen den Buschmännern 75 verschiedene Wildpflanzen zur Verfügung, so daß sie sich ausgewogen und vielseitig ernähren können.

Die Jäger- und Sammlergesellschaften Europas waren vor 10 000 Jahren keine Nomaden, sondern lebten recht dauerhaft in Dörfern, gewöhnlich an einem Gewässer. Dank gutdurchdachter Beschaffungstechniken konnten sie durch das Jagen von Tieren und das Sammeln von Pflanzen zu Wasser und zu Lande unter Berücksichtigung dessen, was die Jahreszeiten boten, ein durchaus stetiges und vielseitiges Nahrungsangebot sicherstellen.

Der Übergang vom Jagen und Sammeln zur Landwirtschaft war leider mit einer Einbuße an Lebensqualität verbunden. Die Landwirtschaft vermochte zwar eine größere Bevölkerung zu ernähren, aber die Bevölkerung war nicht so gesund. Vor 10 000 Jahren waren die Jäger und Sammler in dem Gebiet des heutigen Griechenland und der heutigen Türkei 170 Zentimeter groß. Doch nach dem Übergang zur Landwirtschaft ging die Körpergröße um 15 Zentimeter zurück. Noch heute sind die Griechen und Türken nicht so groß wie ihre Vorfahren von einst.

Dasselbe beobachten wir an den Skeletten von Indianern in Illinois und Ohio in den USA. Um das Jahr 1150 wich die Jäger- und Sammlergesellschaft einer bäuerlichen Gesellschaft, die Getreide und Mais anbaute. Die traurige Entwicklung ist an den Skeletten der Jäger und Sammler und der Bauern abzulesen. Die Bauern litten viermal so häufig an Eisenmangelanämie und dreimal so häufig an Infektionskrankheiten, Zahnschmelzmängel (ein Zeichen für schlechte Ernährung) nahmen um 50 Prozent zu, und die Lebenserwartung sank von 26 auf 19 Jahre.

Energiefluß in der Landwirtschaft Roy A. Rappaport versuchte 1963, die Energiekosten der Landwirtschaft in Neuguinea zu berechnen. Er schaute sich genau an, wie die Tsembaga 100 Quadratmeter Waldfläche in einen Garten verwandelten. Sie mußten zunächst das Unterholz und die Bäume beseitigen, den Garten einzäunen, das Unkraut im Garten ausrupfen und verbrennen, an den Rändern des Gartens Sicherungen anbringen, damit der Boden nicht weggespült wurde, und dann säen und jäten bis zum Ende der Ernte.
Er wog sodann die von ihnen geernteten Früchte und verglich dies mit der von ihnen investierten Energie.
Es kam heraus, daß die Energie-Investition sich für die Tsembaga gelohnt hatte. Das Verhältnis zwischen Ertrag und Einsatz betrug bei Jamswurzeln 16,5 : 1, bei Süßkartoffeln 15,9 : 1.
Sie bekamen jedenfalls weit mehr Energie zurück, als sie hineingesteckt hatten. Unter dem Gesichtspunkt der Energie ist die Landwirtschaft phantastisch.

Daß die Landwirtschaft, wenigstens in ihren Anfängen, der Gesundheit abträglich war, liegt im wesentlichen an drei Gründen. Erstens war der Speisezettel der frühen Bauern ziemlich beschränkt, und das war nicht so gesund wie die vielseitige Ernährung der Jäger und Sammler. Die Kalorien reichten gewöhnlich aus, aber bei den Proteinen, Mineralstoffen und Vitaminen haperte es. Zweitens waren die Bauern stärker von nur wenigen Ackerbauprodukten abhängig, und eine Mißernte auch nur eines dieser Produkte konnte praktisch die ganze Gesellschaft auslöschen. Drittens griffen Infektionskrankheiten rasch um sich, weil in der bäuerlichen Gesellschaft so viele Menschen in kleinen Gruppen zusammenlebten.

Der Übergang zur Landwirtschaft zog aber auch schreckliche gesellschaftliche Veränderungen nach sich: Gleichheit und Freiheit nahmen ab.

In einer Jäger- und Sammlergesellschaft muß jeder arbeiten, die Nahrung wird unter allen Mitgliedern aufgeteilt, und zwischen Anführern und Gefolgsleuten besteht kein großer Unterschied.

In bäuerlichen Gesellschaften stößt man dagegen auf verschiedene Gruppen, von denen die eine, nämlich die Bauern, die Nahrung beschafft, während die andere den Bauern die Nahrung stiehlt und davon dick wird. Das kann man in der Geschichte immer wieder beobachten. An griechischen Skeletten aus Mykene erkennt man, daß es den Mitgliedern der königlichen Familie sehr viel besser ging als ihren Untertanen: Sie waren sechs Zentimeter größer und hatten sechsmal weniger Löcher in den Zähnen. Im Chile des Jahres 1000 wies die Oberschicht viermal weniger Knochenschäden auf als die Arbeiterschaft.

Warum sind dann die Jäger und Sammler zur Landwirtschaft übergegangen? Dafür kann sowohl der Klimawandel als auch die wachsende Bevölkerungszahl verantwortlich sein.

Ist Fleisch phantastisch? Die !Kung-San der Kalahariwüste in Afrika essen weit lieber Fleisch als pflanzliche Nahrung. In Neuguinea verwendet man eine Menge Zeit auf die Aufzucht von Schweinen, obwohl kohlenhydratreiche Pflanzen in Hülle und Fülle vorhanden sind. Und in vielen Jäger- und-Sammlergesellschaften gibt es ein besonderes Wort dafür, daß sie »fleischhungrig« sind.

Fleisch ist eine reiche Quelle von Proteinen, aber es muß etwas Fett dabeisein. Ißt man nur mageres Fleisch ohne sonstige Kalorien, werden die Aminosäuren im Fleisch in Energie umgewandelt statt in Proteine zum Aufbau Ihres Körpers. Die Pitjandjara in Australien prüfen bei einem erlegten Känguruh den Schwanz, ob er fett ist. Wenn er nicht fett genug ist, lassen sie das Tier verrotten.

Vor 10 000 Jahren ging allmählich eine Eiszeit zu Ende, die 100 000 Jahre gedauert hatte. Das Klima war daher ziemlich wechselhaft. Die gewohnte Abfolge der Jahreszeiten änderte sich in unvorhersehbarer Weise, und das brachte eine Gesellschaft, die von Wildpflanzen und wilden Tieren lebte, völlig durcheinander. Bessere Aussichten konnte man sich versprechen, wenn man Tiere zähmte und rasch zur Selektion und Züchtung von Pflanzen überging.

Außerdem nahm die Bevölkerung zu. Deshalb opferte die Menschheit bestimmte Vorteile – eine kleine Bevölkerung, körperliche Bewegung, vielseitige Ernährung und Gleichheit – zugunsten einer zahlreichen Bevölkerung, die mehr leere Kalorien aß und während einer kürzeren Lebenszeit in einer undemokratischen Gesellschaft an mehr Krankheiten litt.

Jetzt, am Ende des 20. Jahrhunderts, ist rund die Hälfte der auf der Erde verfügbaren Arbeitskräfte in der Landwirtschaft tätig und versucht unsere riesige Bevölkerung zu ernähren. Dennoch erhalten rund zwei Drittel unserer Menschen keine ausgewogene Ernährung. Für diese Landwirtschaft nutzen wir rund ein Viertel des anbaufähigen Landes. Leider steht nicht genügend freies Land zur Verfügung, um zum Jagen und Sammeln zurückzukehren. Ohnehin könnte das Jagen und Sammeln einem Klimawandel und einer wachsenden bäuerlichen Bevölkerung nicht standhalten und müßte ihr weichen. Das Leben ist kein Rambo-Film, und ein einzelner gesunder Jäger und Sammler könnte hundert ungesunde Bauern nicht aufhalten.

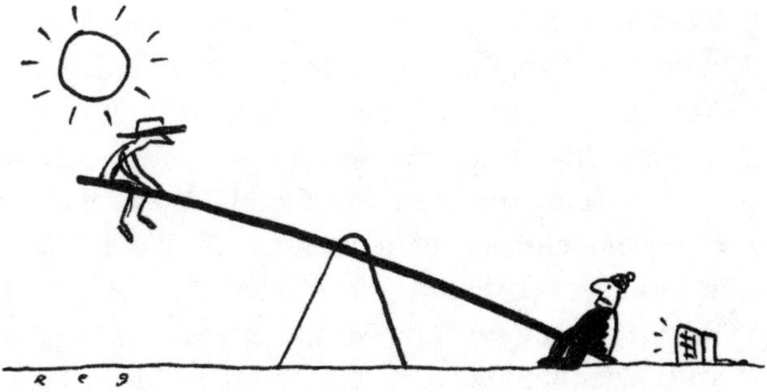

Hin und wieder steigen in verschiedenen Gegenden des Ozeans plötzlich Strömungen vom Meeresboden empor und tragen Nährstoffe an die Oberfläche. Diese Aufwärtsströme betreffen nur 0,1 Prozent der Meeresoberfläche, bescheren uns aber über 50 Prozent aller Fischfänge. Diesen kurzlebigen Veränderungen verdanken wir El Niño und eine seltsame Linie im Pazifik.

Die Linie im Pazifik

Es heißt, das einzige künstliche Objekt, das man vom Weltall aus auf der Erde erkennen könne, sei die Chinesische Mauer. Das stimmt nicht, wie so viele Mythen, die von Werbeagenturen in die Welt gesetzt wurden. Schon aus einem Düsenflugzeug in 15 000 Metern Höhe ist der Verlauf der Chinesischen Mauer nicht mehr auszumachen. Was die Astronauten dagegen mit bloßem Auge gesehen haben, war eine lebende Linie im Pazifik, die mit zwei Kilometern pro Stunde nach Westen wandert.

Die Astronauten haben sehr wohl ein paar künstliche Phänomene gesehen, so etwa die Lichter der Thunfischboote bei Japan, die riesigen Muster der Bewässerungsanlagen im Nordwesten der USA und den deutlichen Kontrast zwischen der Vegetation beiderseits des Kaninchenzauns im Südwesten von West-Australien. Und die Chinesische Mauer? Das wäre so, als würde man von einem Gebäude herab am Boden nach einer Angelschnur suchen. Egal, wie lang die Schnur ist, sie ist einfach zu dünn, man sieht sie nicht.

Dazu müßte das durchschnittliche menschliche Auge in der Lage sein, ein Objekt zu erfassen, das kleiner ist als eine Bogenminute – auf gut deutsch, Sie müßten in der Lage sein, in einem Abstand von drei Metern etwas zu erkennen, das einen Millimeter breit ist. Aus der Raumfähre, die in dreihundert Kilometern Höhe fliegt, müßten Sie in der Lage sein, etwas zu erkennen, das 100 Meter breit ist, das Zweifache der Länge eines Sportschwimmbeckens. So breit ist die Chinesische Mauer nicht, und ohnehin hebt sie sich, da sie aus grauem Stein ist, kaum von dem grauen Untergrund ab.

Die lebende Linie im Pazifik ist dagegen rund zwei Kilometer breit. Fotografiert wurde sie für die Joint Global Ocean Flux Study, ein auf zehn Jahre angelegtes Programm zur Erforschung der Meere. Um zu erfahren, wie Strömungen und Chemikalien im Meer rund um den Globus wandern, nutzten die Wissenschaftler Schiffe, Flugzeuge, Satelliten und Raumfähren, aber auch treibende Plattformen tief unter der Oberfläche. Sie machten die unterschiedlichsten biologischen, chemischen und physikalischen Messungen, hielten Ausschau nach Faktoren wie Meeresfarbe, Kohlenstoffumsatz, Verlauf warmer und kalter Strömungen, Oberflächentemperatur und so weiter. Sie benutzten sogar ein Flugzeug vom Typ Orion P-3, um aus 150 Metern Höhe das Wasser mit einem schwachen blaugrünen Laserstrahl zu bestreichen, der das Chlorophyll im Wasser fluoreszieren läßt. Chlorophyll ist wichtig, denn es ist der Hauptbestandteil im Phytoplankton, der Sonnenlicht in Energie umwandelt.

Aufwärtsströmungen Es kommt vor, daß küstennahes Wasser vom Wind aufs Meer hinausgetrieben wird. An die Stelle dieses warmen Wassers tritt dann kaltes Wasser, das vom Meeresboden emporsteigt. Dieses kalte Wasser ist sehr reich an Nährstoffen wie Nitraten, Phosphaten und Silikaten. Plankton, das sich von diesen Nährstoffen nährt, vermehrt sich sehr rasch und wird seinerseits von größeren Lebewesen wie Fischen gefressen. Die Gebiete mit solchen Aufwärtsströmungen machen weniger als 0,1 Prozent der Meeresoberfläche aus, liefern aber über die Hälfte der weltweit gefangenen Fische.

Eines der Fotos, die aus der Raumfähre aufgenommen wurden, zeigt deutlich eine fast gerade Linie, die sich über Hunderte von Kilometern durch den Pazifik zieht. Als man Schiffsaufzeichnungen aus rund hundert Jahren durchforstete, zeigte sich, daß diese vorübergehende Linie zumeist zwischen August und Januar auftritt. In dieser Zeit steigt mit Mineralien und anderen Nährstoffen befrachtetes Wasser vom Meeresboden auf, und wenn es die Oberfläche erreicht hat, wälzt es sich nach Westen, runde 50 Kilometer pro Tag. An der Oberfläche entsteht eine rund zwei Kilometer breite Zone, in der sich eine 70 Meter dicke Kaltwasserschicht unter eine 40 Meter dicke Warmwasserschicht schiebt.

Das Wasser in dieser schmalen Zone kann recht turbulent sein, und es bilden sich weiße Schaumkronen. Es gibt aber auch Stellen mit blaßgrünem Wasser, das mit nichts anderem befrachtet ist als mit einer winzigen Alge, einer Diatomee namens *Rhizosolenia*. Diese Diatomeen sind zwei- bis dreimal so dick wie ein menschliches Haar. Der Naturforscher und Forschungsreisende William Charles Beebe, der diese Linie 1926 mit seinem Schiff passierte, sagte, diese Diatomeen seien »stellenweise so zahlreich gewesen, daß sie die Konsistenz einer Suppe hatten«. Was die Mischungszone vom All aus erkennbar macht, ist die Farbe, und die entsteht durch die Kombination aus Schaumkronen, kälterem Wasser und den unzähligen Diatomeen.

Diatomeen zählen zum Plankton. Das Wort »Plankton« stammt aus dem Griechischen und bedeutet »das Treibende«. Plankton schwebt einfach im Wasser und wandert mit den Meeresströmungen um die Welt. Plankton ist ungemein wichtig, denn diese winzigen schwebenden Pflanzen erzeugen 90 Prozent unseres Sauerstoffs. Diatomeen haben einen Körper aus Silizium, und wenn sie absterben und auf den Boden sinken, verwandeln sie sich in Diatomeenerde. Diese nutzt der Mensch als Dünger, Schwimmbadfilter, schalldämmendes Material und Farbentferner.

Riesenmengen alter Diatomeen Die Linie im Pazifik ist heute nur eine zeitweilige Erscheinung. Sie tritt alle paar Jahre auf und ist von kurzer Dauer. Bohrproben vom Boden des Pazifiks zeigen jedoch, daß diese forcierten Wachstumsphasen der Diatomeen in der Vergangenheit Tausende von Jahren dauerten.
Wissenschaftler haben herausgefunden, daß mindestens fünfmal in den letzten 15 Millionen Jahren riesige Matten von Diatomeen, die eine Fläche von der Größe Australiens einnahmen, im Pazifik schwammen und dann auf den Grund sanken, wo sie Schichten bildeten, die einen halben Meter dick sind. Die entsprechenden Phasen liegen 15, 12,5, zehn, sechs und 4,5 Millionen Jahre zurück.
Die Ursache kennen wir nicht, wir wissen aber, daß Nordamerika und Südamerika vor vier Millionen Jahren bei Panama eine Landverbindung eingingen. Vielleicht liegt es an der Veränderung des weltweiten Wasserkreislaufs, daß diese riesigen Diatomeenmatten seither nicht mehr entstanden sind.

Wenn das kalte Wasser vom Meeresboden aufsteigt, sammeln sich diese Diatomeen unmittelbar vor der westwärts wandernden Kaltfront und ernähren sich von den Nährstoffen in dem kalten Wasser. Die bei der Joint Global Ocean Flux Study mit dem Laser in dem tieffliegenden Flugzeug vorgenommenen Messungen ergaben, daß Diatomeen in der Zone zwischen dem kalten und dem warmen Wasser hundertmal so häufig waren wie andernorts. Die Unmengen von Diatomeen hatten aber nicht nur reichlich Futter, sondern auch Sex: Täglich teilten sie sich und bildeten Baby-Diatomeen. Offenbar entsteht, wenn ein Schwall kalten Wassers vom Meeresboden aufsteigt, ein lokal begrenztes und sehr ergiebiges Nahrungssystem von sehr kurzer Dauer – und die Diatomeen lassen sich die Gelegenheit nicht entgehen. Und die größeren Lebewesen, die sich von Diatomeen ernähren, wissen ebenfalls, wann sie sich einzufinden haben.

Es zeigt sich also, daß eine Mischung aus Fischen, Schaum und künftigem Dünger, die sich zum Kämpfen, Fressen und Vermehren zusammentut, aus dem All deutlicher zu erkennen ist als die Chinesische Mauer.

El Niño

Es gibt noch ein anderes, ebenfalls mit Aufwärtsströmungen zusammenhängendes Phänomen, dem Australiens Farmer auf Gedeih und Verderb ausgeliefert sind. Es half dem spanischen Konquistador Francisco Pizarro, im 16. Jahrhundert die Inkas auszurotten. Es ist das verheerende Wetterphänomen El Niño, und auch am Ende des 20. Jahrhunderts können wir nichts dagegen tun.

El Niño ist eine ziemlich komplizierte Angelegenheit, deren Erklärung Mathematikern und Klimatologen immer noch Kopfzerbrechen bereitet. Man kann sich jedoch eine annehmbare Vorstellung davon machen, wenn man sich ein paar Dinge merkt.

Als erstes muß man sich merken, daß wie beim Wasserkessel auf dem Herd von warmem Wasser mehr Dampf aufsteigt als von kaltem. Das heißt auf den Pazifik bezogen: Über warmem Wasser bilden sich mehr Regenwolken als über kaltem Wasser. Als zweites muß man sich merken, daß Wind Wasser vor sich hertreiben kann. Als drittes muß man sich merken, daß Wind vom Hochdruck- zum Tiefdruckgebiet strömt. Als letztes muß man sich merken, daß auf unserem Planeten alles mit allem zusammenhängt: So sind Südamerika und Australien durch einen riesigen Teich miteinander verbunden, den Pazifischen Ozean.

Fangen wir an. Im südlichen Teil des Pazifiks haben wir normalerweise Hochdruck über Tahiti und Tiefdruck über Darwin [an Australiens Nordküste – d. Ü.]. Die Winde strömen also von Tahiti nach Darwin. Dieser Zusammenhang zwischen dem Luftdruck über Tahiti und über Darwin wurde in den zwanziger Jahren des vorigen Jahrhunderts von einem indischen Mathematiker entdeckt, der für die Briten tätig war. Es ist eine Art Schaukeleffekt, mit anderen Worten eine Schwingung: Geht der Druck an einer Stelle rauf, geht er an der anderen runter. Weil sich das in der südlichen Hemisphäre abspielt, sprechen die Meteorologen von der südlichen Schwingung, der »Southern Oscillation«.

Warum Darwin und Tahiti? Sir Gilbert Walker, von 1904 bis 1924 Generaldirektor der indischen Observatorien und später Professor der Meteorologie am Imperial College in London, bemühte sich um eine Vorhersage der Monsune. Für Indien spielen die Monsune eine wichtige Rolle, weil die Landwirtschaft stark von ihnen abhängt. Es gab damals einfach keine gute Wettertheorie, und so sammelte er zunächst einmal alle Daten, deren er habhaft werden konnte.
Zu Beginn des 20. Jahrhunderts waren indische Mathematiker sehr billig, sehr zahlreich und teilweise sehr schlau. Diesen Mathematikern gab er alle Daten über das Wetter, die er aus dem gesamten Britischen Empire und anderen Teilen der Welt auftreiben konnte. Der Durchbruch kam 1924, als einer seiner Mathematiker erkannte, daß der Luftdruck in Darwin immer dann stieg, wenn er in Tahiti sank, und umgekehrt.
Schlagartig wurde Sir Gilbert klar, daß die Luftdrucksysteme des Pazifiks miteinander zusammenhingen. Dieses oszillierende Drucksystem nannte er die »Southern Oscillation«.

Dank des Hochdrucks über Tahiti treibt also der Passat normalerweise warmes pazifisches Oberflächenwasser gegen die Ostküste Australiens. Es kommt sogar vor, daß der Wasserspiegel auf der australischen Seite des Pazifiks 40 Zentimeter höher ist als auf der südamerikanischen. (Unter dem warmen Wasser befindet sich eine bis zum Meeresboden reichende Schicht kalten Wassers. Vor Australien befindet sich dieses kalte Wasser rund 200 Meter unter der Oberfläche, vor Südamerika dagegen nur 50 Meter unter der Oberfläche.)

Heißer Pool im Pazifik Normalerweise befindet sich im westlichen Teil des Pazifiks in Äquatornähe ein riesiger Pool mit lauwarmem Wasser. Kommt es jedoch zu einer Verbindung von El Niño und der Southern Oscillation (ENSO), lassen die starken Ostwinde nach, und dann kann dieser Pool sich um 5000 Kilometer nach Osten verlagern.

Über dem warmen Wasser bilden sich Regenwolken, und daher ist es auf der australischen Seite des Pazifiks meist ziemlich feucht.

Die trockene Luft, der das Wasser entzogen wurde, steigt auf und strömt über den Pazifik zurück nach Südamerika, und diese trockene Luft senkt sich dann auf die Küstenregion Südamerikas. Das bedeutet: kein Regen.

Es gibt aber noch einen Grund, warum es an der südamerikanischen Pazifikküste sehr selten regnet. In Peru zum Beispiel sind die Küstengewässer kalt, es verdunstet wenig, und es gibt nicht viel Regen. Unter normalen Bedingungen ist die Küste Perus also ein rauher, baumloser Wüstenstreifen von 100 Kilometern Breite und 2000 Kilometern Länge. (Es gibt außerdem noch einen Grund: Die Andengipfel halten die feuchte Luft aus den Amazonaswäldern von der Küste fern.)

Doch Peru hat davon nicht nur Nachteile: Das kalte, nährstoffreiche Wasser strömt direkt vor der peruanischen Küste nach oben, und die Fischer machen reichen Fang. Vor einem Vierteljahrhundert kamen 22 Prozent der weltweiten Fänge aus dem winzigen Gebiet vor der Küste Perus.

Normalerweise ist es so, daß der Luftdruck im Oktober oder November jeden Jahres über Tahiti *sinkt* und über Darwin *steigt*, und daher beginnen die Winde in die andere Richtung zu strömen, nach Südamerika. Die Winde treiben das warme Wasser nach Peru hinüber. Es braucht ungefähr zwei Monate, um dort anzukommen, gewöhnlich um die Weihnachtszeit. Einerseits hindert dieses warme Wasser (es ist bis zu 7 Grad wärmer als normal) das nährstoffreiche kalte Wasser am Aufsteigen, und daher geht der Fischfang vorübergehend geringfügig zurück. Andererseits bedeutet das warme Wasser, daß es an der peruanischen Küste ein wenig regnet. Und in Australien bedeutet das kalte Wasser vor der Küste weniger Verdunstung, der Regen läßt also vorübergehend nach.

In den meisten Jahren kehrt nach wenigen Monaten alles zur Normalität zurück. Dann und wann hält dieser vorübergehende Zustand (mit dem warmen Wasser vor Peru) jedoch monate- oder jahrelang an, und dann sprechen wir von einem El-Niño-Ereignis. Ein El-Niño-Jahr hatten wir 1982–83, 1986–87, 1991–92 und ein schwächeres 1993.

Verwirrender Name 1 Der Name »El Niño« ist spanisch und bedeutet »das Christkind«.
Im 19. Jahrhundert sprachen die peruanischen Fischer von »El Niño«, um die Erscheinung zu bezeichnen, die alljährlich um die Weihnachtszeit auftrat, daß nämlich vor der Küste des nördlichen Peru und Ecuadors warmes Wasser erschien. Dieses warme Wasser war ein Teil der normalen Südwärtsströmung, die um Weihnachten auftrat und bis März allmählich verschwand. Gewöhnlich reichte diese warme Strömung nur bis wenige Grad südlich des Äquators. Dieses warme Wasser ließ den Fischertrag zeitweise geringfügig sinken, aber nach wenigen Monaten war alles wieder wie immer.
Wenn wir heute von »El Niño« sprechen, ist die Erscheinung gemeint, daß das warme Wasser weiter nach Süden strömt, rund ein Jahr da ist und die Aufwärtsströmung des nährstoffreichen kalten Wassers verhindert.

Verwirrender Name 2 – Luft und Wasser El Niño bezeichnet eine Wasserströmung, die nahezu alle Jahre vor der Küste Perus auftritt. »SO« ist die Abkürzung von »Southern Oscillation«, einer Änderung des normalen Luftdruckunterschieds zwischen Darwin und Tahiti.
Wenn diese beiden Ereignisse ungefähr gleichzeitig eintreten, kommt es

zu der schrecklichen Wetterkatastrophe, die im Abstand von zwei bis sieben Jahren auftritt. Weil »El Niño-Southern Oscillation« ein Zungenbrecher ist, benutzt man lieber die Abkürzung ENSO. Man sollte sich dieser Abkürzung bedienen und ENSO sagen, wenn das katastrophale Ereignis gemeint ist. In den Medien sagen die meisten leider »El Niño«, was aber verwirrend ist, weil so auch das normale alljährliche Ereignis heißt.

Verwirrender Name 3 El Niño hat zwei Bedeutungen. Für die peruanischen Fischer ist es etwas, das alle Jahre vorkommt. Doch für Australier ist es etwas, das alle zwei bis sieben Jahre vorkommt und eine Dürre mit sich bringt.

Das El-Niño-Ereignis von 1982–83 war eine weltweite Katastrophe. Melbourne erlebte einen Staubsturm, Australien erlebte die schlimmste Dürre seit hundert Jahren, und der Wert seiner Agrarproduktion sank um zwei Milliarden Australische Dollar. Afrika hungerte, und in Indien kamen die lebenspendenden Monsunregen nicht an. Auf der anderen Seite des Pazifiks erlebten Gegenden, die seit 60 Jahren keinen Zyklon mehr gesehen hatten, sechs Zyklone innnerhalb von sechs Monaten, in Peru fiel das 400fache des normalen Niederschlags, Wasser- und Flutschäden an den Küsten Nord- und Südamerikas kosteten rund zwei Milliarden US-Dollar, Mittelchile erlebte verheerende Regenfälle und Überschwemmungen, und Zyklone reichten westlich bis nach Tahiti.

Das erste geschichtlich bekundete El-Niño-Phänomen ereignete sich 1525–26, als es Pizarro gelang, die hundert Kilometer breite Wüste an der Küste Nordperus zu durchqueren – aber nur, weil, wie R.C. Murphy schreibt, »es zufällig eines der seltenen *años de abundancia* war, eines der Jahre mit reichlich Wasser und Vegetation, als er an den Gestaden der Wüste landete«. Als Pizarro die normalerweise unwirtliche Randwüste durchquert hatte und das Landesinnere erkundete, sah er, daß die Inkas ein riesiges und sehr wohlhabendes Reich besaßen. Er kam mit 180 Mann und 37 Pferden wieder. Er konnte die Inkas auslöschen, dank seiner Hinterlist, seiner waffentechnischen Überlegenheit und des Bürgerkrieges, der das Inkareich zerriß.

Jetzt verstehen Sie also, daß die warme Wassermasse, die normalerweise vor der Küste Australiens steht, gelegentlich nach Südamerika abfließt, weil die Passatwinde sie nicht gegen Australiens Küste treiben. Aus den Regenwolken, die sich über dem warmen Wasser bilden, kommen die Niederschläge, und mit dem warmen Wasser, das nach Peru hinübergeht, gehen auch Australiens Niederschläge. Wenn dies nicht nur einen oder zwei *Monate*, sondern ein oder mehrere *Jahre* anhält, sprechen wir von einem El-Niño-Ereignis.

Gegen das Wetter kann Australien nicht viel ausrichten, doch in seiner Wirtschaft kann es etwas tun. Es hat eine Exportstruktur wie ein Drittweltland: viele Rohprodukte und wenig veredelte Güter. Solange das so bleibt, wird es den Elementen ausgeliefert sein, auf Gedeih und Verderb.

Kelvin- und Rossbywellen Im Rahmen von El Niño strömt das warme Wasser im Osten des Pazifiks auf die Küsten Nord- und Südamerikas zu. Diese sehr langsam wandernde »Welle« nennt man eine »Kelvinwelle«. Sie wird von den Küsten Nord- und Südamerikas in den Pazifik zurückgeworfen. Jetzt nennt man sie eine »Rossbywelle«, und sie wandert ebenfalls sehr langsam.

Die Rossbywelle braucht für die Überquerung des Pazifiks auf der Höhe von Los Angeles zehn Jahre, auf der Höhe von Portland, Oregon, dagegen 30 Jahre. Diese Wellen »erinnern sich« an ihr El Niño und können ihrerseits weitere Wetteränderungen verursachen. Bei der Untersuchung der Kuroschioströmung vor der Küste Japans fanden Ozeanographen unter Verwendung von Satellitendaten heraus, daß die Rossbywelle des El Niño von 1982–83 die Kuroschioströmung nach Norden verschoben hatte und den nordwestlichen Pazifik erwärmte.

Gegenwärtig sind die Rossbywellen der El Niños von 1986–87 und 1991–93 auf dem Weg durch den Pazifischen Ozean.

Eisberg-Armadas, tibetischer Eisblock und rostiger Ozean

Unser Planet kreist seit rund 4,5 Milliarden Jahren um die Sonne. Er war in dieser Zeit überwiegend eisfrei. Selbst am Nord- und Südpol hat es während der längsten Zeit unserer Geschichte kein Eis gegeben. Doch hin und wieder rückt das Eis gegen den Äquator vor. Unser Klima kann, wie man festgestellt hat, erschreckend schnell in eine Eiszeit umschlagen und umgekehrt – und die nächste Eiszeit könnte uns sehr bald (irgendwann in den nächsten paar tausend Jahren) überraschen.

Wir können, wie man heute weiß, tatsächlich das Klima verändern, indem wir Kohlendioxid in die Atmosphäre blasen und damit einen zeitweiligen Treibhauseffekt auslösen. Können wir diesen Treibhauseffekt aber auch wieder rückgängig machen, indem wir der Atmosphäre Kohlendioxid entziehen? Ein Ozeanograph hat behauptet, er könne der Atmosphäre Kohlendioxid entziehen und in die Ozeane lenken, indem er Eisen ins Meer streut. Ein anderer Ozeanograph hat behauptet, Tibet habe einst Kohlendioxid aus der Atmosphäre aufgenommen.

Doch während wir Menschen in einem 70-Jahre-Zyklus ins Leben treten und wieder abtreten, dauern die Zyklen, in denen die Eiszeiten kommen und gehen, Millionen Jahre.

Der Begriff »Eiszeit« ist ein bißchen verwirrend. Es gibt nämlich zwei Sorten von Eiszeiten: »Große« und »Kleine«. Dabei bezieht sich »groß« und »klein« auf ihre Dauer und nicht auf den Anteil des Planeten, den sie bedecken.

Große Eiszeiten kommen ungefähr alle 150 Millionen Jahre vor. Die letzte Große Eiszeit war vor rund 150 Millionen Jahren. Davor hat es Große Eiszeiten vor 300 Millionen, vor 430 Millionen und vor 680 Millionen Jahren gegeben. Diese Großen Eiszeiten dauerten eine Million bis 20 Millionen Jahre.

Eine Große Eiszeit ist nichts anderes als eine Serie von Kleinen Eiszeiten. Die Kleinen Eiszeiten dauern jeweils rund 100 000 Jahre. Was wir als Große Eiszeit bezeichnen, kann alles zwischen zehn und 200 Kleine Eiszeiten umfassen.

Während unserer gegenwärtigen Großen Eiszeit, die vor rund zwei Millionen Jahren begann, wuchsen die Eiskappen und drangen vom Nord- und Südpol aus in Richtung Äquator vor, um schließlich wieder zurückzuweichen. Später drangen sie erneut vor und wichen wieder zurück, und dieser Zyklus wiederholte sich mehrfach. Die Periode des Vordringens dauerte jeweils durchschnittlich 100 000 Jahre, die des Zurückweichens rund 20 000 Jahre.

Die jüngste Kleine Eiszeit endete vor rund 15 000 Jahren. In einigen tausend Jahren könnten wir erneut in eine Kleine Eiszeit geraten, es könnte aber auch sein, daß dieser Zyklus endet; im Moment wissen wir es einfach nicht.

Es ist denkbar, daß Große Eiszeiten mit Vorgängen in unserer Galaxie zusammenhängen.

Darüber hinaus ist es sehr wahrscheinlich, daß die Kleinen Eiszeiten etwas mit der Geometrie unseres Sonnensystems zu tun haben. Eine entsprechende Theorie trug im Jahr 1924 der jugoslawische Wissenschaftler Milutin Milanković vor. Sie kann recht gut erklären, warum unser Planet innerhalb einer dieser Großen Eiszeiten, die alle 150 Millionen Jahre vorkommen, immer wieder in Kleine Eiszeiten hineingerät.

Alle Planeten unseres Sonnensystems umkreisen die Sonne auf einer annähernd kreisförmigen Bahn, und zwar alle in ungefähr derselben Ebene. Milanković machte drei Faktoren aus, von denen die Menge der auf der Erde ankommenden Sonnenwärme abhängt.

Lücken von 150 Millionen Jahren Wir wissen eigentlich nicht genau, warum zwischen den Großen Eiszeiten 150 Millionen Jahre verstreichen. Nach Ansicht einiger Wissenschaftler könnte es damit zusammenhängen, daß unsere Galaxie, die Milchstraße, für eine vollständige Umdrehung etwa 300 Millionen Jahre benötigt.

Gegenwärtig befindet sich unsere Sonne ein wenig nördlich der Zentralebene der Galaxie. Nun besagt eine Theorie, daß unsere Sonne nach jeder halben Umdrehung, also alle 150 Millionen Jahre, durch die Zentralebene taucht und dabei Staubwolken durchläuft, welche die Menge des Sonnenlichts, das auf unseren Planeten fällt, beeinflußt.

Der erste Faktor ist die Neigung der Drehachse der Erde gegen die Bahnebene der Planeten. Gegenwärtig weicht die Drehachse rund 23,5 Grad von der Senkrechten ab. In einem Zeitraum von 41 000 Jahren schwankt sie zwischen 1,5 und 24,5 Grad.

Der zweite Faktor ist die Richtung, in welche die Drehachse der Erde zeigt. Gegenwärtig zeigt die Drehachse der Erde in der nördlichen Hemisphäre auf den Polarstern. Sie verschiebt sich allmählich, wie bei einem sich sehr langsam drehenden Kreisel, zeigt aber irgendwann wieder auf den Polarstern. Es dauert rund 23 000 Jahre, bis es wieder soweit ist.

Und der dritte Faktor ist, daß die Umlaufbahn der Erde sich mit der Zeit ändert, von einer nahezu perfekten Kreisform zu einer eher ovalen Form, und zwar in einem Zeitraum von rund 100 000 Jahren – was sehr gut zu dem 100 000-Jahre-Zyklus paßt, mit dem die Eisdecken vordringen.

Seit Milanković seine Theorie vortrug, ist ein weiterer Faktor entdeckt worden: Die Bahnebene der Erde stimmt nicht genau mit der durchschnittlichen Bahnebene der Planeten überein, sondern ist geringfügig gegen diese geneigt. Alle 100 000 Jahre stimmt sie wieder mit der Bahnebene der Planeten überein. Dies deckt sich mit der Tatsache, daß die Schichten kosmischen Staubs in den Meeressedimenten alle 100 000 Jahre dicker werden. Dieser Staub könnte die Menge des zur Erde gelangenden Sonnenlichts verringern.

Allerdings entsprechen die genannten Ursachen von Eiszeiten nur dem Kenntnisstand am Ende des 20. Jahrhunderts. Neue Erkenntnisse könnten zu neuen Theorien führen.

Die Kleinen Eiszeiten treten in Serien auf, die sich alle 150 Millionen Jahre wiederholen (ich nenne diese Serien eine Große Eiszeit). Alle bisherigen Serien, die wir gemessen haben, umfassen zwischen zehn und mehreren hundert Eiszeiten.

Gegenwärtig befinden wir uns in einer dieser 150-Millionen-Jahre-Serien. Da die letzte Kleine Eiszeit vor rund 15 000 Jahren endete, befinden wir uns momentan in einer Nicht-Eiszeit, einer sogenannten Zwischeneiszeit. Eine neue Kleine Eiszeit kommt höchstwahrscheinlich in einigen tausend Jahren auf uns zu, doch beim derzeitigen Wissensstand läßt sich das nicht genau sagen.

In einer Kleinen Eiszeit dringt das Eis vom Nord- und Südpol her in Richtung Äquator vor. In der südlichen Hemisphäre würde das Eis der Antarktis dann bis auf 1000 Kilometer an Tasmanien heranreichen. Ein Großteil Tasmaniens und die südlicher gelegenen Teile des australischen Great Dividing Range lägen unter Eis und Schnee. In der nördlichen Hemisphäre wäre das Eis in Nordamerika drei und in Europa 2,5 Kilometer dick.

Und nach rund 100 000 Jahren in der Gewalt einer Kleinen Eiszeit wärmte sich die Erde dann ein wenig auf, die Eisdecken würden schmelzen und zurückweichen.

Heinrich-Ereignisse

Während jeder Kleinen Eiszeit und während jeder Zwischeneiszeit kann das Klima enorm schwanken.

So schwankte die durchschnittliche Temperatur während der letzten Zwischeneiszeit, die rund 120 000 Jahre zurückliegt, um 12 Grad, und das Klima schlug innerhalb von nur zehn Jahren vom einen in den anderen Zustand um.

Und während der letzten Kleinen Eiszeit, die rund 100 000 Jahre dauerte, kam es mindestens sechsmal zu einem abrupten Klimawechsel, und jedesmal brachen von der Ostküste Kanadas riesige Armadas von Eisbergen los und schwammen in den Atlantik hinaus.

Diese Ereignisse nennt man Heinrich-Ereignisse, nach ihrem Entdecker Helmut Heinrich. Bei der Untersuchung von Bohrproben vom Boden des Atlantiks fand Heinrich überraschend Steine aus Kanada. Steine und Erdreich waren mehrere tausend Kilometer gereist und dann abgeladen worden, und das geschah insgesamt sechsmal zu einem genau bestimmten Zeitpunkt, erstmals vor 66 000 und letztmalig vor 14 000 Jahren.

Unmittelbar nach jedem Heinrich-Ereignis wärmte der gesamte Planet sich ganz plötzlich auf, um sich anschließend ganz langsam und allmählich wieder abzukühlen.

Mit sinkender Temperatur nahmen die Eisdecken allmählich zu, bis zu einer Dicke von 3000 Metern. Und dann rutschten große, zig Kilometer lange Eistafeln von der kanadischen Küste in den Atlantik. An der Unterseite schleiften die Eisberge Gesteine und Erdreich aus Kanada mit. Als sie schmolzen, versank dieses Geröll im Atlantik. Diese kanadischen Gesteins- und Bodenschichten sind unterschiedlich dick: in der Mitte des Atlantiks einen halben Meter, näher zu Europa hin einige Zentimeter.

Nach einem Heinrich-Ereignis erwärmte sich das Klima innerhalb von zehn bis fünfzig Jahren ganz plötzlich um fünf bis zehn Grad und blieb dann einige hundert Jahre lang konstant. Danach wurde es während der folgenden fünf- bis zehntausend Jahre allmählich wieder kälter, schließlich segelte eine neue Armada von Eisbergen (ein neues Heinrich-Ereignis) in den Atlantik hinaus, und danach wurde es wieder schlagartig wärmer.

Das Sonderbare ist nun, daß Heinrich-Ereignisse nicht auf den Nordatlantik beschränkt waren. In den 100 000 Jahren der letzten Kleinen Eiszeit schwankte die Temperatur nicht nur im Nordatlantik, sondern auch auf den Gletschern der Hochanden in Chile und Peru und auf den Gletschern Neuseelands.

Zu den großen Rätseln der Eisberg-Armadas gehört die Frage, ob eine Temperaturänderung der Erde diese Eisbergflotten auf den Atlantik hinausschickte oder ob diese selbst die Ursache des weltweiten Klimawandels waren. Am Ende des 20. Jahrhunderts kennen wir die Antwort immer noch nicht.

Dreieinhalb Klimaumschwünge

In der letzten Kleinen Eiszeit erreichten die Eisdecken ihre größte Ausdehnung vor 18 000 Jahren, danach wichen sie zurück. Die Eisdecken sind zwar nicht wiedergekommen, und das Klima war meist eher warm, aber dennoch hat es sich innerhalb dieser Zeit dreieinhalb Mal geändert, von kalt zu warm und umgekehrt. Diese Umschwünge könnten mit der größten Oberflächenheizung unseres Planeten zusammenhängen, über die unsere Meeresforscher endlich einiges herausbekommen.

Beim ersten Umschwung vor 14 000 Jahren wärmte sich der Planet kurzzeitig auf. In ganz Europa wuchsen Bäume. Dann kühlte sich die Erde wieder ab, warum, wissen wir noch nicht.

Vor 12 500 Jahren schlug das Klima plötzlich (in weniger als hundert Jahren) in einen sehr viel kälteren Zustand um, der 1500 Jahre anhielt. Die meisten Bäume in Europa gingen ein, an ihre Stelle traten arktische Sträucher und Tundrenflora.

Dann schlug das Klima zum zweiten Mal um. Ganz plötzlich, in weniger als hundert Jahren, erwärmte sich der Planet. Vor 6000 Jahren herrschten ganz ähnliche Temperaturen wie heute. Vor 2000 Jahren, zur Zeit der Geburt Christi, war es sogar erheblich wärmer als heute – Josef und seine schwangere Frau Maria mußten also wohl nicht durch Schnee stapfen, um die Herberge zu erreichen. In den folgenden 1000 Jahren kühlte sich die Erde wieder ab.

Doch um das Jahr 1000 kam es zum dritten Klimaumschwung. Die weltweite Erwärmung hielt bis zum Jahr 1300 an. Es war so warm, daß in Kalifornien und Patagonien dreihundert Jahre lang Dürre herrschte. Dank der weltweiten Erwärmung konnten die Wikinger in Island, Grönland, Neufundland und Nordamerika Kolonien gründen (wären sie in Amerika geblieben, sprächen die Amerikaner heute Schwedisch). Doch das Klima schlug in eine Kaltzeit um, und die Wikinger wurden aus ihren Kolonien vertrieben.

Von 1300 bis 1700 erlebte die Welt eine Mini-Eiszeit. In strengen Wintern kamen in ganz Europa Menschen um, und in manchen Jahren war es so kalt, daß die Themse gefror und die Londoner auf ihr Schlittschuh laufen konnten.

Aber ab 1850 begann sich das Klima zu erwärmen, und es erwärmt sich noch immer.

Gigantisches Förderband für Wasser

In den letzten 18000 Jahren hat sich das Klima also ganz beträchtlich gewandelt. Was könnte die Ursache so gewaltiger Änderungen sein?

In Frage kommt ein gigantisches Förderband für Wasser. Dieses unsichtbare Förderband transportiert Wassermassen von der Größe eines Kontinents von einem Teil unserer Welt zum anderen. Im Atlantik transportiert es warmes Wasser vom Äquator bis an die Küsten Europas und an ihnen entlang. Darin ist eine Milliarde Megawatt an Wärme gespeichert. Das entspricht 30 Prozent der Wärme, welche die Sonne an den Nordatlantik abgibt. Diese Wärme beschert Spanien ein beinahe tropisches Klima. Wenn Sie zwei Städte auf derselben geographischen Breite miteinander vergleichen, etwa Bodö in Norwegen und Nome in Alaska, und feststellen, daß in der europäischen Stadt der Sommer vier Grad und der Winter 13 Grad wärmer ist, dann liegt das an dieser Wärme.

Wenn Wasser seine Wärme abgibt, kühlt es sich ab und wird dichter. Das dichte Wasser sinkt wie in einem gigantischen Aufzug bis auf den Meeresboden. Dort fließt es südwärts, an New York vorbei, in Richtung Äquator. An Südamerika vorbei setzt es seinen Weg zur Südspitze Afrikas fort, wo es nach links schwenkt in Richtung Australien. Nachdem es die Südküste Australiens passiert hat, flutet es an Neuseeland vorbei in Richtung Alaska.

Dieses gigantische Förderband transportiert hundertmal mehr Wasser als alle Flüsse der Welt. Was wir gegenwärtig über dieses gigantische, Wärme und Wasser transportierende Förderband wissen, ist sehr wenig. Wir wissen jedoch, daß es seinen Weg sehr rasch ändern kann.

Der Wetterdienst kann Ihnen eine zu 70 Prozent zutreffende Vorhersage für die nächsten Tage liefern. Aber ob die Erde in 1000 Jahren ein Kühlschrank oder eine Sauna sein wird – das weiß keiner.

Der tibetische Eisblock-Effekt

Tibet ist ein spirituelles Land. Es liegt auf dem Dach der Welt, dem 5000 Meter hohen tibetischen Hochland. Einige Forscher glauben nun, dieses Hochland könne durch Abkühlung des Klimas den gesamten Planeten beeinflußt haben, ja es habe sogar auf die Evolution des menschlichen Gehirns eingewirkt.

Wenn man auf einige hundert Millionen Jahre zurückblickt, war das Weltklima überwiegend einigermaßen vorhersagbar.

Bis in die jüngste Zeit war es warm und feucht, wie in den Tropen. Die Dinosaurier – sie existierten von 200 bis 65 Millionen Jahre vor der Gegenwart – genossen Temperaturen, die acht bis elf Grad höher waren, und schwammen in Meeren, die einen halben Meter höher waren als heute.

Das alles änderte sich jedoch vor rund 50 Millionen Jahren, als Indien auf Asien prallte, mit der beängstigenden Geschwindigkeit von 20 Zentimetern pro Jahr (rund viermal schneller, als Ihre Fingernägel wachsen). Bei dieser zwar langsamen, aber gigantischen Kollision, bei der Indien sich nochmals 2000 Kilometer weiter nach Norden schob, entstand der Himalaja, und Tibet wurde allmählich angehoben.

Im Verlauf dieser Kollision begann die Antarktis zu vereisen, und die Erde kühlte sich ab. Die mittleren Temperaturen fielen fortwährend bis vor zwei bis drei Millionen Jahren. Um diese Zeit setzte die Verdoppelung des menschlichen Gehirnvolumens von 600 auf 1200 Milliliter ein. Es könnte ein Zufall sein, aber große Gehirne sind stark auf Kühlung angewiesen.

Einer Theorie zufolge hat das tibetische Hochland, indem es der Luft Kohlendioxid entzog, die weltweite Abkühlung verursacht. Fest steht, daß das tibetische Hochland die alljährlichen asiatischen Monsunregen verursacht. Acht große Flüsse, darunter der Ganges, der Mekong, der Indus und der Jangtse, entspringen dem tibetischen Hochland und seinen Randgebieten. Diese Flüsse entwässern ein Gebiet, das weniger als fünf Prozent der Landfläche der Erde ausmacht, aber sie führen 25 Prozent aller ins Meer gelangenden Mineralien mit sich.

Die schweren Regenfälle und die ungeheuer steilen Hänge verursachen zusammen eine gewaltige Erosion. Das in den Regentropfen gelöste Kohlendioxid bildet eine schwache Säure, die Kohlensäure. Diese Kohlensäure verbindet sich mit Granit und Kalkstein zu Mineralien, die ausgewaschen werden und sich auf dem Meeresboden ablagern. Diese Mineralien sind sehr reich an Kohlenstoff.

Eigentlich ist das tibetische Hochland dieser Theorie zufolge eine gewaltige Pumpe, die der Atmosphäre Kohlendioxid entzieht und es am Meeresboden deponiert, wo es für Jahrmillionen weggeschlossen ist.

Urheber der Tibet-Theorie sind die Ozeanographin Maureen Raymo vom Massachusetts Institute of Technology und der Paläoklimatologe Bill Ruddiman von der Universität von Virginia. Sie behaupten, chemische Reaktionen im tibetischen Hochland hätten der Atmosphäre so viel Kohlendioxid entzogen, daß die Temperatur gesunken sei – das ist nicht der Treibhauseffekt, sondern der tibetische Eisblock-Effekt.

Nun ist diese Theorie jung und noch nicht bewährt. Gesichert ist dagegen, daß das Erdklima sich nach rund 50 Millionen Jahren eines stetigen Temperaturabfalls in einem Wechsel von Eiszeiten und Zwischeneiszeiten stabilisiert zu haben scheint. Möglicherweise hat Tibet also nicht nur die Welt abgekühlt, sondern uns auch noch unsere großen Köpfe beschert.

Eisen im Ozean

Zur Zeit lädt die Menschheit alljährlich sechs Milliarden Tonnen Kohlenstoff in der Atmosphäre ab, hauptsächlich in Form von Kohlendioxid. Dieses Kohlendioxid löst nach fast einhelliger Meinung der Wissenschaft einen Treibhauseffekt aus, der die Durchschnittstemperatur der Erde in die Höhe treibt.

1987 regte ein Meeresforscher an, Eisenpulver über den Weltmeeren zu verstäuben; auf diese Weise ließe sich der Kohlenstoff aus der Atmosphäre holen. Es klingt unwahrscheinlich, aber der Versuch wurde 1996 gemacht, und der Mann könnte recht haben.

Es hat mit dem Phytoplankton zu tun. »Phyto« heißt Pflanze, und »Plankton« stammt von dem griechischen Wort *planktos* ab und bedeutet »das Treibende«. Das Phytoplankton besteht also aus winzigen Pflanzen, die im Meer umhertreiben.

Die Lunge der Welt Oft hört man sagen, die Amazonaswälder seien »die Lunge unseres Planeten«. Das ist rundweg falsch. Tatsächlich verbrauchen die Amazonaswälder mehr Sauerstoff, als sie erzeugen, weil der Zerfall von Holz eine riesige Menge Sauerstoff verschlingt. Der größte Teil des Sauerstoffs stammt vom Phytoplankton in den Meeren.

Das Phytoplankton hat zwei große Lebensaufgaben. Die eine ist, sich von größeren Wesen fressen zu lassen. Daher steht das Phytoplankton zu Recht am Anfang der Nahrungskette. Die andere Aufgabe besteht in der Photosynthese, durch die Sonnenlicht in Energie umgewandelt wird. Dabei nimmt das Phytoplankton Kohlendioxid auf und zerlegt es in Kohlenstoff und Sauerstoff. Den Kohlenstoff benutzt es dazu, weiteres Phytoplankton zu bilden, den Sauerstoff scheidet es als Abfallprodukt aus.

Phytoplankton ist wirklich sehr klein, aber allein vom Gewicht her ist es die häufigste Lebensform in den Meeren. Eines hat den Ozeanographen an dem Phytoplankton allerdings schon immer Kopfzerbrechen bereitet. Ein Meeresgebiet kann noch so gesättigt sein mit all dem Phosphat und den Nitraten, die das Phytoplankton zum Wachstum braucht, und dennoch wächst es nicht. Das Gebiet gleicht einer Wüste. Was ist da los?

Der verstorbene Ozeanograph John Martin hatte eine Erklärung. Obwohl all die Nahrung vorhanden war, wuchs das Phytoplankton nicht, weil ihm ein einziger lebenswichtiger Nährstoff fehlte: Eisen.

Durch Messungen fand Martin heraus, daß das Phytoplankton in eisenarmen Meeresgebieten kümmerlich wuchs, in Gebieten, die reich an Eisen waren, dagegen sehr stark.

1994 machte Martin seinen ersten Großversuch. Während sein ozeanographisches Forschungsschiff in einem Meeresgebiet von 64 Quadratkilometern hin und her fuhr, wurden 480 Kilogramm fein zerstäubtes Eisen ins Kielwasser gekippt. Das Phytoplankton wuchs wie wild. Nach wenigen Tagen ließ die Wirkung jedoch nach.

Eisen messen ist schwer Eines der Probleme für John Martin bestand darin, daß es unglaublich schwer ist, die Menge des Eisens im Meer sauber zu messen. Staub ist allgegenwärtig, und der Gewichtsanteil des Eisens am Staub beträgt fünf Prozent. Man könnte für die Entnahme des Meereswassers saubere Plastikflaschen direkt aus der Fabrik verwenden. Plastikflaschen werden jedoch vielfach in Formwerkzeugen aus rostfreiem Stahl hergestellt, und ein Teil des Eisens in dem rostfreien Stahl geht in den Kunststoff ein. Und natürlich ist das Seil, an dem die Flasche aus dem Meer gezogen wird, oft aus Stahl – und auch das Eisen im Stahlseil kann die Probe verunreinigen.

John Martin hat sich unvorstellbare Mühe gegeben, jede Art der Verunreinigung mit Eisen zu vermeiden. Schließlich konnte er den Grundgehalt an Eisen in verschiedenen Meeresgebieten auf einheitliche und exakte Weise messen.

Die Antarktis zum Beispiel ist unglaublich reich an allen Nitraten und Phosphaten, die das Phytoplankton zum Wachstum braucht, und doch kommt es dort kaum jemals zu einem verstärkten Wachstum des Phytoplanktons. Wie nicht anders zu erwarten, ermittelte John Martin, daß der Eisengehalt in den Meeren um die Antarktis zu gering ist, so daß Phytoplankton dort nicht wachsen kann.

Dabei braucht Phytoplankton zum Wachstum unglaublich wenig Eisen. Die Zahlen sind ein wenig grob, doch scheint es, daß Phytoplankton auf je 100 Phosphoratome, 1500 Stickstoffatome und 10 000 Kohlenstoffatome ein Atom Eisen benötigt. Viel Eisen ist also nicht nötig, um dem Phytoplankton einen Anstoß zu geben.

Nach John Martins Tod im Jahr 1996 setzten seine Kollegen seine Arbeit fort. Sie brachten dieselbe Menge Eisen auf einer Fläche von 72 Quadratkilometern in ungefähr demselben Meeresgebiet aus. Doch jetzt schütteten sie nicht alles auf einmal hinein, sondern brachten das Eisen in drei über eine Woche verteilten Dosen aus. In dem mit Eisen angereicherten Wasser wuchs das Phytoplankton wie wild und entzog dem Wasser das Kohlendioxid, das ursprünglich aus der Atmosphäre stammte.

Die numerischen Ergebnisse der bisherigen Versuche lassen vermuten, daß man den Kohlenstoffeintrag eines Jahres aus der Atmosphäre holen könnte, wenn man eine Million Tonnen

Eisen in die Meere ausbrächte, eine Menge, die in wenige Supertanker passen würde.

Es wäre der reinste Wahnsinn, ein abenteuerliches, unbewiesenes Experiment (nämlich Unmengen von Eisen ins Meer zu kippen) fortzusetzen, um Kohlenstoff aus der Atmosphäre zu holen. Wir haben keine Ahnung, welche unerwünschten Folgen das haben könnte. Andererseits haben wir seit Beginn der Industriellen Revolution rund 200 Milliarden Tonnen Kohlenstoff zusätzlich in die Atmosphäre gejagt.

Sind wir um der guten Sache willen bereit, auf der Grundlage nur weniger Versuche ein Wagnis einzugehen und eine neue Eisenzeit auszurufen, damit die schmutzige Hinterlassenschaft des Industriezeitalters verschwindet?

Herzschläge auf Vorrat und wie man Babys hält

Wenn von Liebe und starken Gefühlen die Rede ist, wird oft das Herz erwähnt. Man sagt zum Beispiel: »Das geht mir zu Herzen« oder »Es bricht mir das Herz« oder »Ich liebe dich von ganzem Herzen«. Das Herz ist ein starkes Symbol, und es sitzt links. Aber hat das etwas damit zu tun, daß wir Babys gewöhnlich auf dem linken Arm tragen?

Das Herz treibt nicht nur Scherze mit unseren Gefühlen – es ist auch eine äußerst effiziente und langlebige Pumpe. Doch kann man der alten Mär Glauben schenken, daß dieser Pumpe eine bestimmte Zahl von Herzschlägen einprogrammiert ist, und danach bleibt sie stehen?

Herzschläge

Aristoteles, der berühmte griechische Philosoph und Wissenschaftler, behauptete vor einigen tausend Jahren, das Herz sei der Sitz der Vernunft. Das klang damals nach einer annehmbaren Theorie. Kam die Stimme denn nicht aus der Brust, und sollte der Gebieter über diese Stimme nicht auch in der Brust sein? Nun, das ist lange her, und jetzt gibt es eine neue Theorie über das Herz: die Sparschweinchen-Theorie. Danach sind uns

Menschen rund 2,8 Milliarden Herzschläge zugeteilt, und wenn die verbraucht sind, sterben wir. Mit dieser Theorie und ein bißchen Rechnerei können Sie das System wahrscheinlich überlisten und Ihr Leben um eine zusätzliche Spanne von einem Vierteljahrhundert verlängern.

Einst wußten die Menschen nicht so genau, was das Herz eigentlich tut. Im alten Griechenland behauptete ein namenloser Nachfolger des Arztes Hippokrates, daß sich »die Vernunft des Menschen, das Prinzip, dem die übrige Seele unterworfen ist, in der linken Kammer befindet«. Gemeint war die linke Herzkammer, die rotes, sauerstoffreiches Blut unter hohem Druck zu den einzelnen Organen und Systemen des Körpers pumpt. Für andere Wissenschaftler und Philosophen war das Herz nicht Sitz der Vernunft, sondern von starken Gefühlen wie Liebe und Trauer, Freude und Tapferkeit.

Erst William Harvey bewies 1628 mit ein paar eleganten Experimenten, daß das Herz wirklich eine Pumpe ist. Aber was für eine Pumpe! Dieses unermüdliche Organ läuft rund 75 Jahre lang, und ungefähr einmal pro Sekunde treibt es Blut durch die rund 100 000 Kilometer langen Blutgefäße (das ist annähernd dreimal der Erdumfang am Äquator). In einer durchschnittlichen menschlichen Lebensspanne pumpt es an die 200 000 Tonnen Blut – das entspricht dem Gewicht von drei sehr großen, vollbeladenen atomgetriebenen Flugzeugträgern. Und um all dieses Blut zu bewegen, schlägt es etwa 2,8 Milliarden Mal.

Zu langsames Herz Früher bin ich viel gelaufen. Einer meiner Laufkameraden war Arzt. Bei mir betrug die Herzfrequenz wegen des vielen Laufens 55, doch bei meinem Freund, der das Laufen noch ernsthafter praktizierte und daher ein besser konditioniertes Herz hatte, betrug sie 45. Um diese kleine Geschichte zu verstehen, muß man zweierlei wissen. Erstens kann eine niedrige Herzfrequenz Anzeichen einer Herzkrankheit sein. Zweitens wird das Herz, wenn man viel Blut verliert, dennoch bemüht sein, dieselbe Menge von rund fünf Litern pro Minute zu pumpen, und daher schneller schlagen.

Als mein Freund sich zu einer kleinen Bauchoperation bei einem Krankenhaus vorstellte, wollte der Arzt, der ihn untersuchte, ihn nicht aufnehmen, mit der Begründung, seine Herzfrequenz sei zu niedrig. Es bedurfte etlicher Telefongespräche, bis der aufnehmende Arzt überzeugt war, daß die extrem niedrige Herzfrequenz bei meinem Freund normal war.
Die Operation verlief gut, doch einen halben Tag später bekam mein Freund eine innere Blutung. Daß dies der Fall war, erkannte er nicht etwa an irgendwelchen Symptomen, sondern daran, daß er sich (wegen des Blutverlusts) matt fühlte und seine Herzfrequenz sich plötzlich auf 60 erhöht hatte. Er bat die Schwester, einen Arzt zur Untersuchung herbeizurufen. Sie maß jedoch seine Herzfrequenz und erklärte, sie sei mit 60 vollkommen in Ordnung und den Arzt zu holen sei nicht nötig. Wieder bedurfte es etlicher Telefonate, bevor etwas geschah.

Damit sind wir bei unserem ersten Problem. Es scheint, daß praktisch alle Säugetiere, so klein oder groß sie auch sein mögen, nur ein Drittel der uns Menschen zugedachten Herzschläge zugeteilt bekommen, nämlich nur rund 800 Millionen. Bei den Tieren ist es offenbar die allgemeine Regel, daß die Herzfrequenz um so niedriger ist, je größer das Tier ist. Und es gibt noch eine allgemeine Regel: Je größer das Tier, desto länger die Lebensspanne. Eine winzige Maus verbraucht ihren nicht erneuerbaren Vorrat an Herzschlägen innerhalb von zwei Jahren, während ein Elefant sie über ein halbes Jahrhundert verteilt. Hätten wir Menschen nur 800 Millionen Herzschläge zugeteilt bekommen, würden wir gerade einmal 26 Jahre alt. Wir haben wirklich keine Ahnung, warum uns soviel mehr Herzschläge zugeteilt wurden als den anderen Säugetieren.

Die Menschen stehen also schon an der Spitze des Systems. Wir könnten aber noch mehr herausholen, meinen die Ärzte Stoller, Adler und Holland aus Cleveland, Ohio; sie behaupten, sie hätten es genau ausgerechnet. Es heißt ja, daß, wer regelmäßig läuft, fünf Jahre länger lebt, diese fünf Jahre aber voll und ganz mit Laufen zubringt. Diese Meinung teilen die braven Ärzte nicht.

Ein durchschnittliches menschliches Herz hat im Ruhezustand eine Frequenz von 72 Schlägen pro Minute, es lebt rund 75 Jahre und verbraucht in dieser Zeit rund 2,8 Milliarden Herzschläge.

Herzinfarktrisiko Wenn Sie am Wochenende freihaben, ist der Montag riskant. Bei einer deutschen Untersuchung an 2500 Opfern eines Herzinfarkts kam heraus, daß Rentner und Menschen, die montags nicht arbeiten, an Montagen kein erhöhtes Risiko einer Herzerkrankung haben. Doch bei der normalen arbeitenden Bevölkerung, die samstags und sonntags frei hatte, war das Herzinfarktrisiko an Montagen um 33 Prozent höher als an den anderen Wochentagen.
Auch große Ferien sind riskant. Andere Risikofaktoren fand eine amerikanische Untersuchung von 120 000 Herzinfarkten, die in einem Fünfjahreszeitraum eingetreten waren und an 90 Krankenhäusern behandelt wurden. Am Neujahrstag war das Herzinfarktrisiko um 16 Prozent erhöht, am Geburtstag der Opfer lag es um 21 Prozent höher, nach Ostern sogar um 28 Prozent.
Es sieht so aus, als sei der Morgen nach der großen Feier für das Herz eine riskante Zeit.

Die amerikanischen Ärzte haben jedoch den Fall eines Mannes untersucht, der mit 20 Jahren beschließt, sich fit zu halten, indem er sich an fünf Tagen pro Woche täglich 45 Minuten lang sportlich betätigt. Für dieses 45-Minuten-Fenster verbraucht er mehr Herzschläge – die Herzfrequenz schnellt von 72 Schlägen pro Minute auf 180 empor. Das Herz paßt sich aber rasch an diese kurzzeitige körperliche Anstrengung an und pumpt bei jedem Schlag mehr Blut als sonst, und daher kann es im Ruhezustand langsamer schlagen. Die neuerworbene langsamere Herzfrequenz macht die während der 45 Minuten erhöhte Herzfrequenz mehr als wett.

Spitzensportler können ihre Ruhefrequenz auf 30 Schläge pro Minute herabsenken, doch unsere amerikanischen Ärzte waren vorsichtig und nahmen an, daß sich das Herz des Sporttreibenden von vorher 72 auf 55 Schläge pro Minute verlangsamt.

Am Ende der Woche hat der Sportler daher weniger von seinen kostbaren, nicht erneuerbaren Herzschlägen aus seinem Sparschweinchen verbraucht. Und wenn er 60 wird, hat er immer noch rund 1,5 Milliarden Herzschläge in seinem Sparschweinchen übrig. Das entspricht 25 zusätzlichen Lebensjahren: Er hat gute Aussichten, 85 zu werden. Er könnte sogar 100 werden, hat also eine echte Chance, wenn er Angehöriger des Commonwealth ist, das berühmte Gratulationsschreiben der Queen zu bekommen. Für die zusätzliche Lebensspanne von 25 Jahren braucht man insgesamt (vom 20. bis zum 60. Lebensjahr) weniger als ein Jahr Sport zu treiben, 332 Tage, um genau zu sein.

Sport – gut oder schlecht? Regelmäßige sportliche Betätigung ist ohne Zweifel gut für das Herz. Vier- oder fünfmal pro Woche betrieben, stärkt sie das Herz.
Aber kann man von schwerer körperlicher Arbeit einen Herzinfarkt bekommen?
Wenn Sie ohnehin viel Sport treiben, besteht kein erhöhtes Risiko. Wenn Sie schwere körperliche Arbeit leisten, werden Herzfrequenz und Blutdruck nicht so stark steigen, als wenn Sie vorher gar keinen Sport betrieben haben.
Wenn Sie dagegen die Bequemlichkeit lieben, haben Sie bei schwerer Arbeit ein Herzinfarktrisiko, das sieben- bis hundertmal höher ist, als wenn Sie einfach zu Hause herumsitzen.
Wenn Sie also nicht besonders fit sind und gern fit werden möchten, lassen Sie es langsam angehen! Und Sie sollten lieber nachmittags trainieren. Die Blutplättchen (Zellen in Ihrem Blut, die an einer Gerinnung beteiligt sind) sind vormittags »klebriger« als nachmittags. Deshalb passieren die meisten Herzinfarkte am Vormittag.
Steigern Sie Ihre Fitneß also ganz allmählich, und verlegen Sie den Sport am besten auf die Nachmittage.

Diese Theorie, daß man seine Herzschläge über mehr Jahre verteilen kann, ist unbewiesen. Dennoch sind Millionen von Menschen in diesem Moment dabei, das Experiment zu wagen – warten wir noch 30 Jahre, dann müßten die Ergebnisse vorliegen. Doch ein guter Tip ist es allemal: Die Chancen stehen besser als 25 zu 1. Seien Sie mal ehrlich: Fühlen Sie sich wirklich wohl?

Früher hieß es »schnell leben, jung sterben; besser sollte man sagen »schnell laufen, alt sterben«.

Wie man Babys hält

Jeder hat schon ein Baby gesehen, und die meisten haben auch schon ein Baby im Arm gehalten. Es fällt ja auch nicht schwer: Babys riechen gut und fühlen sich gut an. Doch eines macht Psychologen schon lange Kopfzerbrechen: Die meisten Menschen nehmen Babys auf den linken Arm, warum, weiß man nicht.

Diese Gewohnheit hat eine lange Tradition. Im Talmud, der alten Sammlung jüdischer Religionsvorschriften, heißt es: »Eine Frau, die ihren Sohn zu stillen beginnt, sollte auf der linken Seite anfangen, denn die Quelle allen Verstehens kommt von der linken Seite.« Untersucht man Gemälde und Skulpturen, die einen Erwachsenen mit einem Baby zeigen, findet man in 80 Prozent der Fälle, daß der Erwachsene das Baby links hält. Auch zweibeinige Tiere, etwa Schimpansen und Orang-Utans, halten ihre Jungen überwiegend links.

Psychologen haben sich darüber seit langem Gedanken gemacht. Der Physiologe Ernst Weber meinte 1835, die linke Körperseite sei möglicherweise sensibler für Berührungen, und deshalb trügen Mütter ihre Babys dort.

Lee Salk, Pädiatrie-Professor an der New Yorker Cornell-Universität, hat sich um 1970 dieser Frage angenommen. Er untersuchte Mütter von Neugeborenen. Er hielt das Baby und übergab es der Mutter frontal. In 80 Prozent der Fälle nahm die Mutter ihr Kind automatisch auf den linken Arm.

Die rechtshändigen Mütter, befragt, warum sie ihr Kind mit links halten, sagten, dadurch hätten sie die stärkere rechte Hand frei für andere Dinge. Die linkshändigen Mütter erklärten, es sei normal, daß sie ihre stärkere linke Hand benutzen, um das Baby zu halten.

Für die Tatsache, daß 80 Prozent der Männer und Frauen Babys mit links halten, hat man alle erdenklichen Erklärungen vorgetragen. Lee Salk behauptete, das Herz der Mutter sei gewöhnlich links, auf der linken Seite könne das Baby den Herzschlag der Mutter leichter hören und werde sich dadurch schneller beruhigen. Leider ist es selbst im günstigsten Fall ziemlich schwer, ein Herz zu hören, und die Herzklappen, von denen eigentlich das Geräusch ausgeht, befinden sich fast genau in Körpermitte.

Bei einem interessanten Versuch gab man Frauen ein Kissen zu halten, das etwa die Größe eines Babys hatte. Sie hielten das Kissen gleich häufig mit dem linken wie mit dem rechten Arm. Als man die Frauen bat, sich vorzustellen, sie hielten ein Baby, hielten sie das Kissen links. Salk machte einen weiteren Versuch mit Müttern, die Frühgeburten zur Welt gebracht hatten. Zumindest in den ersten 24 Stunden hatten diese Frauen keine Gelegenheit gehabt, ihr Kind auf den Arm zu nehmen. Diese Frauen zeigten keine Präferenz und nahmen mit gleicher Häufigkeit das Baby auf den linken und den rechten Arm.

Nach landläufiger Ansicht haben wir nur ein einziges Gehirn im Kopf. Tatsächlich haben wir aber zwei völlig separate Gehirne (mit jeweils rund 7 Milliarden Nervenfasern). Verbunden sind sie durch einen winzigen Nervenstrang, der nur eine Million Nerven enthält, so daß die Kommunikation zwischen den separaten Gehirnen, die man auch Hemisphären nennt, nicht besonders gut ist.

Die rechte Hirnhälfte kann mimischen Gesichtsausdruck und emotionale Gebärden besser verarbeiten als die linke. Schaut man jemanden an, der sich links von einem befindet, zum Beispiel ein kleines Baby, das man auf der linken Seite hält, wird die von beiden Augen kommende Information in der rechten Hirnhälfte verarbeitet. Dies trägt vermutlich dazu bei, die Bindung zu einem Wesen zu stärken, das einem den Schlaf raubt und einen, bis es 18 geworden ist, über 100 000 Euro kosten wird.

Ähnlich verhält es sich mit den menschlichen Ohren. Untersuchungen haben ergeben, daß das linke Ohr im Erkennen von Musik und Sprache und deren emotionalen Wirkungen besser ist als das rechte. Auch in dieser Hinsicht ist es also vorteilhafter, das Baby links zu halten. So können Mutter und Kind einander besser kennenlernen.

So richtig haben wir noch nicht verstanden, warum wir ein Baby lieber links halten. Es hat aber den Anschein, als müsse man, um als Mutter oder Vater nicht einseitig zu sein, sein Kind bevorzugt auf einer Seite tragen.

Iß weniger, lebe länger – und trink Bier!

Sobald wir geboren sind, beginnen wir zu sterben. Aber eigentlich ist der Tod eine ziemlich neue Erfindung. Daß der Tod ein selbstverständlicher Teil des Lebens ist, gilt nur für einen Bruchteil der Zeit, seit es Leben auf unserem Planeten gibt.

Die Erfindung des Todes

Unser Planet ist rund 4,6 Milliarden Jahre alt. Seit 3,8 Millarden Jahren gibt es Leben auf der Erde – und während des größten Teils dieser 3,8 Milliarden Jahre waren Lebewesen praktisch unsterblich.

Bis vor einer Milliarde Jahren bestanden alle Lebewesen aus einer einzigen Zelle. So ein einzelliges Wesen wuchs bis zu einer bestimmten Größe und teilte sich dann in zwei Wesen, und jede dieser zwei Zellen wuchs dann ihrerseits, bis sie sich teilte. So ging das immer weiter. Keines dieser einzelligen Wesen starb an Altersschwäche. Es war möglich, daß sie starben, aber dann lag es daran, daß sie von einem Stein erschlagen oder von einem schnellen Lavastrom überrollt oder von einem größeren einzelligen Wesen gefressen wurden; wenn dergleichen nicht geschah, starben sie nicht.

Doch vor einer Milliarde Jahren entwickelten sich einige dieser einzelligen Wesen zu Wesen mit vielen verschiedenen Zelltypen. Diese Wesen hatten Zellen fürs Denken, für die Fortbewegung, die Verdauung und so weiter.

Gleichzeitig wurde der Tod erfunden. Es klingt merkwürdig, aber das Sterben hat schon einige Vorteile, zumindest für die Spezies.

Erstens kann eine unsterbliche Spezies sich nicht an Veränderungen in der Umwelt anpassen – das können allenfalls ihre Kinder mit einer leicht veränderten DNA. Ein weiterer Nachteil der Unsterblichkeit ist, daß Eltern und ihre Nachkommen sich um dieselbe Nahrungsmenge streiten würden. Und drittens würde die DNA dieser unsterblichen Wesen durch Strahlung aus dem All und Chemikalien in der Umwelt dauernd beschädigt, so daß die Eier des Muttertiers mehr Schäden aufweisen würden.

Sie werden es vielleicht nicht glauben, aber wir wissen wirklich nicht, warum wir altern. Dafür haben wir aber einen Haufen unterschiedlicher Theorien darüber.

Da ist zum einen die Umwelttheorie. Ihr geht es um die Umwelt, in der Zellen innerhalb von Lebewesen überleben. Es kommt beispielsweise vor, daß bestimmte Chemikalien sich in bestimmten Körperteilen mit der Zeit anreichern und den Zellen eine Umwelt bescheren, in der ihnen das Überleben schwerer fällt.

Die Stoffwechseltheorie des Alterns ist eine Theorie der Abnutzung. Ihr zufolge haben wir nur eine begrenzte Zahl von Lebenstagen, und je härter wir arbeiten, desto früher sind diese Tage verbraucht.

Die Autoimmun-Theorie besagt, daß bei der Geburt alle Zellen eines Körpers immunologisch identisch miteinander sind. Doch im Laufe der Zeit ändert sich die immunologische Kennung einiger dieser Zellen, und dann beginnt das Immunsystem des Körpers, eigene Zellen anzugreifen.

Eine weitere Theorie ist die Fehlertheorie. Sie besagt, daß

sich die Fehler in der DNA von Zellteilung zu Zellteilung mit zunehmendem Alter häufen. Wir Menschen haben normalerweise 46 Chromosomen in unseren Zellen. Doch der Anteil der Zellen mit verkehrter Chromosomenzahl steigt bei weiblichen Personen von drei Prozent bei Zehnjährigen auf 13 Prozent bei Siebzigjährigen.

Dann gibt es noch die Theorie, wir seien einfach zum Sterben »programmiert«. In jeder Zelle sitzt eine kleine genetische Uhr, und wenn eine bestimmte Anzahl von Zellteilungen durchlaufen ist, befiehlt sie der Zelle zu sterben.

Wenn wir älter werden, verändert sich unser Körper. Unsere Augen können nicht mehr so gut fokussieren. Unsere Haut wird weniger elastisch, und unsere Knochen verlieren nach und nach Kalzium. Unsere Lunge faßt nicht mehr soviel Luft wie früher. Mit zunehmendem Alter können unsere Nieren den Harn nicht mehr so gut konzentrieren. Wir müssen daher mehr Wasser hinzutun, um dieselbe Menge Abbauprodukte auszuscheiden.

Es gibt möglicherweise – und das ist ein schlichtes Erfolgsrezept – eine überraschend einfache Methode, länger zu leben und dabei gesünder zu bleiben: Essen Sie weniger!

Weniger essen

Clive M. McCay und seine Mitarbeiter an der Cornell-Universität im Staate New York setzten in den dreißiger Jahren Ratten auf eine kalorienarme Diät. Zu ihrem Erstaunen konnten sie dadurch die maximale Lebensspanne ihrer Probanden um ein Drittel erhöhen, von drei auf vier Jahre. Die Ratten mit der kalorienarmen Diät blieben außerdem länger jung und erkrankten mit zunehmendem Alter seltener als ihre normal ernährten Artgenossen.

In nachfolgenden Versuchen mit allerlei Getier (Spinnen, Wasserflöhen, Guppys und diversen Parasiten) konnten Wissenschaftler sowohl die durchschnittliche als auch die maximale Lebensspanne ihrer Versuchstiere verlängern.

Die Verlängerung der *durchschnittlichen* beziehungsweise der *maximalen* Lebensspanne – das sind zwei ganz verschiedene Dinge.

Um die *durchschnittliche* Lebensspanne zu erhöhen, braucht man nur unnötige und vorzeitige Todesfälle zu verhindern, etwa solche durch Verkehrsunfälle, durch Infektionskrankheiten (die sich leicht durch Impfung verhindern lassen) oder durch Herzkrankheiten.

Etwas ganz anderes ist es, die *maximale* Lebensspanne zu verlängern. Wenn es gelingt, die maximale Lebensspanne einiger Mitglieder einer Spezies zu verlängern, greift man gewissermaßen in einen grundlegenden Alterungsprozeß ein. Und genau das scheint mit einer Senkung der Kalorienzahl zu gelingen.

Nun wissen wir zwar, daß dieses Weniger-Kalorien-gleich-längere-Lebensspanne-Ding bei einer ganzen Reihe von Tieren funktioniert, aber an den Zweibeinern ist es noch nicht hinreichend getestet. Damit hat man erst vor gut zehn Jahren begonnen, als zwei Forschungsgruppen darangingen, Rhesusaffen zu untersuchen.

Eine ganze Reihe interessanter Veränderungen hat sich dabei ergeben. Die Affen, die 30 Prozent weniger Kalorien zu sich nahmen, wogen, wie zu erwarten, 30 Prozent weniger, und statt der normalen 30 Prozent betrug der Fettanteil am Körpergewicht nur zehn Prozent. Interessant ist, daß man schon jetzt sagen kann, daß alle ihre »Gesundheitskriterien« denen sehr viel jüngerer Affen entsprechen. Bei den dünnen Affen sind der Blutdruck, der Blutzuckerspiegel und der Insulinspiegel niedriger, und ihr Cholesterinspiegel ist sehr viel niedriger. An Menschen wurde der Test noch nicht durchgeführt. Menschen zu untersuchen, die durch ihre Armut gezwungen sind, mit sehr wenigen Kalorien auszukommen, hat keinen Sinn, denn sie bekommen durch ihre kalorienarme Kost in der Regel nicht genug lebenswichtige Mineralien.

Durch weniger Kalorien die Lebenserwartung zu erhöhen ist nicht zu empfehlen für Kinder, denn die brauchen viele verschiedene Nährstoffe. Außerdem verbrennen sie eine Menge Energie: Kleinkinder haben eine viermal so hohe Stoffwechselrate wie Erwachsene. Die größte Lebensverlängerung wäre vermutlich zu erreichen, wenn man mit 20 Jahren anfangen würde, doch auch für andere ist es für einen Anfang nie zu spät. Im übrigen darf man nicht einfach auf Entzug gehen und seine Kalorienzahl schlagartig um 30 Prozent verringern; man muß sie nach und nach herabsetzen. Vor allem muß man darauf achten, daß man bei kalorienarmer Kost weiterhin seine lebenswichtigen Nährstoffe bekommt. Man wird sehr bedacht auswählen müssen, was man ißt, und wohl auch zusätzliche Vitamingaben benötigen.

Es ist jedoch mit Nebenwirkungen zu rechnen, einmal abgesehen von dem dauernden Hungergefühl. Bei sehr geringem Gewicht setzt bei Frauen der Eisprung aus, so daß sie keine Kinder bekommen können. Und das Ausbleiben des Eisprungs könnte das Osteoporose-Risiko erhöhen.

Professor Stewart Truswell vom Ernährungszentrum der Universität Sydney sagte denn auch, diese wisenschaftlichen Untersuchungen seien zwar interessant, würden ihn aber »nicht veranlassen, künftig weniger zu esssen als sonst«.

Andererseits würde es den meisten von uns nicht schaden, wenn wir ein bißchen abnehmen würden, und wenn wir es sachte angehen ließen, könnten Nebenwirkungen ausbleiben. Vielleicht wird aber die richtig durchschlagende Idee von einer Gruppe amerikanischer Wissenschaftler verfolgt. Sie arbeiten an einer Pille, die einem alle Vorteile einer kalorienarmen Ernährung verschafft – man braucht also nicht nur auf nichts zu verzichten, sondern kann sich sogar regelrecht gesund essen!

Der Bierbauch

Bier ist ein fester Bestandteil der australischen Lebensart. Australien ist, was den Bierkonsum angeht, unter den drei führenden Ländern; die anderen sind Deutschland und die Tschechoslowakei. Der durchschnittliche Bierkonsum pro Kopf und Jahr liegt bei 150 Litern. Eine vermeintliche Nebenwirkung des Biertrinkens ist der Bierbauch, die dicke Wampe. Zwei Ernährungswissenschaftler der Deakin University in Melbourne sagen jedoch, Bier enthalte weniger Kalorien beziehungsweise Kilojoules als Magermilch, und so etwas wie einen Bierbauch gebe es gar nicht.

Leichtes Bier rettet Menschenleben Alkohol ist in unserer Gesellschaft eine bedeutende Todesursache. David Crosbie, Vorsitzender des Rates zur Bekämpfung von Alkohol und anderen Drogen in Australien, sagt: »Trunkenheit ist ein großes Problem der Volksgesundheit. Sie ist verantwortlich für 35 Prozent der Ertrinkungsfälle, 34 Prozent aller Stürze, bis zu 20 Prozent der Selbstmorde, bis zu 30 Prozent der Fälle von Gewalt in der Familie und vorsichtig geschätzt über 50 Prozent aller Fälle öffentlicher Ruhestörung.«

Crosbie zufolge sterben in Australien täglich mehr als zehn Menschen an Alkoholmißbrauch, und die meisten davon sind unter 35. »Das große Problem für die Volksgesundheit liegt also nicht im langfristigen übermäßigen Genuß, sondern in der *Trunkenheit.*«

Crosbie sagte, Tausende von Menschenleben seien auf den Straßen Australiens dadurch gerettet worden, daß die Australier mehr leichtes Bier (mit weniger als 3,5 Prozent Alkohol) und weniger normales Bier (mit fünf oder mehr Prozent) trinken. Daher sind weniger Menschen mit einem hohen Alkoholpegel unterwegs. In der Gesellschaft insgesamt seien mit dem verringerten Genuß von Vollbier auch die alkoholbedingten gesundheitlichen und sozialen Probleme zurückgegangen.

Bier gibt es seit vielen tausend Jahren. Vor 5500 Jahren wurden in Mesopotamien Krüge angefertigt, die innen mit sonderbaren, kreuz und quer verlaufenden Rillen versehen waren. Ein darin verbliebener Rückstand, den Virginia Badler von der Universität Toronto untersuchte, entpuppte sich als Kalziumoxalat, das man auch als »Bierstein« bezeichnet, weil es vom Bierbrauen zurückbleibt.

Zum Bierbrauen braucht man Hefe. Hefe verwandelt einfache Zucker in Alkohol und Kohlendioxid. Durch Versuch und Irrtum haben die Menschen sich auf Gerste als Quelle der Zucker geeinigt. Wenn man ein Gerstenkorn aufschneidet, stößt man auf einen Embryo (der sich in eine neue Gerstenpflanze verwandelt), umgeben von einem reichlichen Nahrungsvorrat in Form komplizierter Zucker (von denen der wachsende Embryo sich ernährt).

Leider gibt es ein kleines Problem. Die Hefe kann die komplizierten Zucker nicht verdauen. Wenn man aber die Gerste einweicht, treibt sie winzige Sprossen. Diese Sprossen stellen eine Substanz her, welche komplizierte in einfache Zucker zerlegt. Wahrscheinlich sind unsere Vorfahren durch Zufall aufs Bier gekommen, als feuchte Gerstenkörner von Hefe besiedelt wurden, die daraus Alkohol machte.

Die drei Bestandteile des Bieres sind also Gerstenkörner, Wasser, das die Gerste für die Hefe verdaulich macht, und Hefe, die die Körner in Alkohol verwandelt. Der vierte Bestandteil ist der Hopfen, eine bitter schmeckende Rebe. Er gibt dem Bier seine angenehme Würze und steuert außerdem natürliche Antiseptika bei, die unerwünschte Hefe und Bakterien fernhalten. Als Dreingabe enthält der Hopfen noch Gerbsäuren, die sich mit Proteinen im Bier verbinden und dadurch verhindern, daß das Bier trüb wird.

Bier und salzige Kartoffelchips? Warum passen Bier und salzige Kartoffelchips so gut zusammen? Die Antwort fanden amerikanische Wissenschaftler, als sie eine schwierige Frage zu klären versuchten: Warum ist Salz ein so guter Geschmacksverstärker?
Wir Menschen verwenden Salz seit Jahrtausenden zum Kochen. Es bringt offenbar den Geschmack der Nahrungsmittel besser zur Geltung. Doch Tafelsalz an sich verstärkt den Geschmack nicht, wie Laborversuche ge-

zeigt haben. Was liegt hier vor? Wie sich zeigt, wirkt Salz als »Geschmacksfilter«: Es unterdrückt unangenehme Geschmackseindrücke, etwa den bitteren Geschmack von Bier, und dadurch treten angenehme Geschmackseindrücke in den Vordergrund.
Die Wissenschaftler testeten drei Flüssigkeiten: eine bitter schmeckende Substanz (Harnstoff), einen süß schmeckenden Zucker (Rohrzucker) und ein Salz (Natriumazetat).
Sie fanden, daß das Salz die Süße des Rohrzuckers nur geringfügig, die Bitterkeit des Harnstoffs dagegen weitgehend unterdrückt.
Dann mischten sie den Rohrzucker mit dem Harnstoff, und wie erwartet erklärten die Versuchspersonen, es schmecke bitter.
Als nun etwas Salz in diese Mischung getan wurde, ergab sich ein eher süßer und weniger bitterer Geschmack. Wieder unterdrückte das Salz die Bitterkeit.
Jetzt wissen Sie also, warum Sie beim Bier auf einmal ein Bedürfnis nach salzigen Kartoffelchips haben – nicht, weil das Salz ein Geschmacksverstärker ist, sondern weil es ein »Geschmacksfilter« ist, der verhindert, daß die Bitterkeit durchkommt.

Vor 5500 Jahren nutzten die Bewohner Mesopotamiens 40 Prozent ihrer Gerstenernte zur Herstellung acht verschiedener Biersorten. Mit einer Produktion von 220 Millionen Tonnen jährlich ist Gerste heute die sechstwichtigste Nahrungspflanze; so gut wie nichts davon wird gegessen, das meiste endet als Bier.

Daß es als Bier endet, mag schon sein, was aber nach Professor Kerin O'Dea und Dr. Kevin Rowley von der Deakin University nicht unbedingt bedeutet, daß es auch als Bierbauch enden muß. O'Dea und Rowley präsentieren einige Argumente.

Erstens hat Bier weniger Kilojoules oder Kalorien als Magermilch. Zweitens sind Alkoholiker gewöhnlich recht mager. Drittens verschlingt schon die Verdauung von Alkohol eine Menge Energie. Angenommen, Sie haben auf Ihrem Teller ein Essen von 100 Energie-Einheiten. Sie müssen es kauen, hinunterschlucken, mit dem Magen zerquetschen und endlich in den Blutkreislauf aufnehmen. Diese Verdauung erfordert vier Energie-Einheiten, die von Alkohol dagegen acht – es bleibt weniger Energie übrig, die zu Fett werden kann.

Allem Anschein nach ist die Fettleibigkeit, die wir gelegentlich als Bierbauch bezeichnen, in Wirklichkeit kein Bierbauch. Es ist ein Bier-und-gesalzene-Erdnüsse-um-einen-durstig-zu-machen-Bauch oder ein Bier-und-gesalzene-Chips-um-einen-durstig-zu-machen-Bauch, aber kein bloßer Bier-an-sich-Bauch.

Sie brauchen das Bier also nicht zu meiden. Es hat seit Jahrtausenden eine wichtige Rolle gespielt, und mit Maßen getrunken wird es auch künftig eine wichtige Rolle spielen. Wie sagte doch der berühmte Musiker und Philosoph Frank Zappa: »You can't be a Real Country, unless you have a beer ... It helps if you have ... a football team, or some nuclear weapons, but at the very least, you need a BEER.«*

* »Ein echtes Land braucht Bier. Eine Fußballmannschaft oder ein paar Atomwaffen sind schon nicht schlecht, aber BIER ist ein absolutes Muß.«

Wir Menschen sind das zweibeinige Tier, welches das Feuer nutzt. Seit über 8500 Jahren machen wir aus Feuer und Ton Töpferwaren. Wir essen von flachen Tonscheiben und trinken aus offenen Tonzylindern. Manche lassen die Speisen und Getränke stehen und essen lieber gleich Ton – oft aus sehr guten medizinischen Gründen. Ton war nach Ansicht vieler Wissenschaftler an der Entstehung des Lebens auf unserem Planeten beteiligt.

Ton schuf Leben

»Woher kam das Leben?« ist eine andere der zehn Großen Fragen. Einer Theorie zufolge kam das Leben aus einer ganz gewöhnlichen Substanz, nämlich aus Ton.

Die Erde und die Sonne bildeten sich vor rund 4,6 Milliarden Jahren. Danach ging es aber erstaunlich rasch, denn schon 800 Millionen Jahre später gab es Leben auf unserem Planeten. Diese Erkenntnis verdanken wir Wissenschaftlern, die in rund 3,8 Milliarden Jahre alten Gesteinen, welche in West-Australien ausgegraben wurden, Fossilien von winzigen Einzellern fanden, sogenannten Stromatolithen.

In der Frühzeit unserer Erde, lange vor der Freisetzung von Sauerstoff durch Pflanzen, war die Atmosphäre reich an Kohlenwasserstoffen wie Methan und Ammoniak. Harold C. Urey und Stanley L. Miller brachten 1952 diese und andere Gase in einen kleinen Glaskolben und schickten, um die Wirkung von Blitzen nachzuahmen, elektrische Funken in dieses Gemisch. Zur allgemeinen großen Überraschung fanden sie eine Woche später chemische Grundbausteine des Lebens: Karboxylsäure, Aldehyde und Aminosäuren.

Ton, Ursprung des Lebens Einer Theorie über den Ton als Grundlage des Lebens zufolge war dieser die Basis, auf der die entsprechenden chemischen Reaktionen stattfinden konnten.
Jetzt findet aber eine andere Theorie zunehmend Anklang. Ihr zufolge hatte Ton die ersten selbstreplizierenden Moleküle. Dafür hat er auf jeden Fall die richtige chemische Struktur.

Wenn man eine Menge Aminosäuren miteinander verkettet, erhält man Proteine, die in allen Lebewesen vorkommen. Insulin zum Beispiel ist ein Protein, das aus rund hundert Aminosäuren besteht. Manche Proteine wirken als Enzyme (wie etwa auch Ihr Waschpulver) und treiben chemische Reaktionen voran. Es ist aber gar nicht so einfach, aus einzelnen Aminosäuren Proteine herzustellen.

Zunächst müssen die Aminosäuren die richtige Orientierung und Ausrichtung besitzen, sonst passen sie nicht zusammen. Stellen Sie sich einen Mann und eine Frau vor, die zusammen einen Walzer tanzen möchten. Das kann nur klappen, wenn sie einander zugewandt sind. Tatsächlich sausen die beiden aber getrennt durch den Saal und drehen sich dabei um die eigene Achse. Daß sie genau in dem Moment aufeinanderstoßen, in dem sie einander zugewandt sind, ist ziemlich unwahrscheinlich.

Außerdem muß man noch Energie zuführen, damit sich die Aminosäuren zu Proteinen verbinden.

Zufällig vermag ein ganz gewöhnliches Material, nämlich Ton, beide Probleme zu lösen. Ton entsteht, wenn Gesteine wie Granit einige Millionen Jahre lang der Witterung ausgesetzt werden. Ton besteht aus winzigen Teilchen, deren Umfang kleiner ist als vier Mikron (zum Vergleich: Menschliches Haar hat einen Durchmesser von rund 70 Mikron). Diese winzigen Teilchen bestehen wiederum aus Millionen sich wiederholenden Einheiten identischer Kristalle. Diese Kristalle sind in Schichten angeordnet, die gewöhnlich elektrisch geladen sind. Die Kristalle bestehen aus Silizium, Sauerstoff, Magnesium, Aluminium, Eisen, Kalium und so weiter. Man unterscheidet etwa acht Arten von Ton, und zwar nach dem Abstand der Schichten, der Form der Kristalle und der Stärke der elektrischen Ladung der Schichten.

Eine Art von Ton ist das Kaolin, das man unter anderem zur Beschichtung von Papier benutzt. Der Gewichtsanteil des Kaolins am Papier beträgt 20 Prozent. Kaolin macht das Papier undurchlässiger und ermöglicht, indem es die vom Papier absorbierte Druckfarbenmenge herabsetzt, Fotoabzüge. Zugleich hat Kaolin wegen der vielen Schichten eine enorme Oberflächenausdehnung. Die Schichten in einem kleinen Kaolin-Würfel von einem Zentimeter Kantenlänge ergeben zusammen eine Fläche von 2800 Quadratmetern – das sind 70 Prozent eines Fußball-Spielfeldes.

Ton weist winzige, elektrisch geladene Hohlräume auf, die Aminosäuren an sich ziehen und festhalten können. Auf diese Weise gelangt eine Aminosäure in die richtige Anordnung, um sich mit einer anderen verbinden zu können. Denken Sie an unsere beiden Tänzer. Wenn der eine stillsteht, hat der andere eine größere Chance, sich mit ihm zu einem Walzer zusammenzutun.

Ton kann außerdem, wie Wissenschaftler von den NASA Ames Research Laboratories herausfanden, alle Arten von Energie speichern, von Gammastrahlen bis hin zu mechanischer Energie, und diese später abgeben.

Der erste Bildhauer Der römische Schriftsteller Plinius der Ältere sagt, Dibutades, auch Butades von Sikyon genannt, sei der erste Mensch gewesen, der Tonformen schuf. Die Tochter von Dibutades hatte sich offenbar in einen jungen Mann verliebt, und als sie seinen Schatten sah, der auf eine Wand fiel, zeichnete sie rasch den Umriß seines Gesichts auf diese Wand. Als ihr Vater diesen Umriß sah, formte er schnell aus Ton ein Porträt des jungen Mannes und brannte es. Er brannte von Berufs wegen Tonziegel. Bald erweiterte er sein Sortiment um Dachziegel, die mit menschlichen Gesichtern verziert waren.

Vielleicht kam Hiob der Wahrheit sehr nahe, als er sagte: »Ich bin wie du vor Gott, aus Ton bin auch ich gebildet« (Hiob 33,6).

Ton essen

Ton ist eine Erde, die im nassen Zustand weich und formbar und im trockenen Zustand hart ist. Tone sind ein wesentlicher Bestandteil des Bodens und unerläßlich für das Pflanzenwachstum. In unserer Gesellschaft sind sie auch wirtschaftlich bedeutsam. Sie werden verwendet für Töpferwaren, Ziegelsteine, Kacheln, Papierbeschichtungen, Arzneimittel, zum Entfetten von Wolle, für Gummireifen und Bohrschlamm auf Bohrinseln. Sie haben jedoch noch eine andere, fundamentalere Anwendung: Viele Menschen, besonders Schwangere, essen Ton.

Im Holmes County in Mississippi kommen Afro-Amerikanerinnen gern in der Abendkühle zusammen und nehmen gemeinsam »eine gehäufte Handvoll« (etwa 50 Gramm) Ton zu sich. Aber nicht irgendeine Erde. Der Ton muß entweder aus einer Tiefe von einem halben Meter (wo weniger Parasiten sind) ausgegraben oder (nach einem heftigen Regenguß) frisch freigelegt sein. Teils wird er roh gegessen, teils wird er gebacken – oft auf einem Holzfeuer, das ihm einen »rauchigen«

Geschmack verleiht. Eine Frau berichtete, daß ihre Familie immer wieder etwas von dem aus Ton und Stroh geformten Kamin stibitzte, bis er am Ende zerfiel. Manchmal wird Ton einfach so gegessen, teelöffelweise, und manchmal wird er auf andere Speisen gestreut, zum Beispiel auf Eis.

Griechen aßen Ton Wenn die Griechen ihre »versiegelte Erde« aßen, machten sie um den verwendeten Ton großes Aufheben. Er mußte am 6. August vor Sonnenaufgang von einer Priesterin aus speziellen Höhlen auf der Insel Lemnos geholt werden. Sie vermischte den Ton dann mit dem Blut einer Ziege, füllte ihn in einen kleinen Zylinder von der Größe eines Gummibärchens und markierte ihn mit der Figur einer Ziege.

Der griechische Arzt Galen kannte den Ruf dieser medizinischen Tone von Lemnos, besonders wenn sie nach einer Vergiftung als Gegengift verabreicht wurden. Er begab sich persönlich nach Lemnos und nahm rund 20 000 Pastillen mit nach Rom.

Der Ton tat sehr wahrscheinlich die gewünschte Wirkung. In Rom und Griechenland war Quecksilber damals ein häufig benutzter Bestandteil von Giften. Diese Tone verbinden sich im Darm mit dem Quecksilber und befördern es sicher aus dem Körper, ehe es in den Blutstrom übertreten kann.

Im Holmes County sind es vor allem Frauen, besonders schwangere, und kleine Kinder, die gewohnheitsmäßig Ton essen. Diese Praxis bezeichnet man als Geophagie, abgeleitet vom griechischen *geo* für Erde und *phage* für essen. Man findet sie in Nord- und Südamerika, Afrika, Nordeuropa, dem Mittelmeerraum, auf den Pazifikinseln und in Australien. Die alten Griechen benutzten *terra sigillata*, »versiegelte Erde«, für viele medizinische Zwecke. Die alten Römer betrachteten sie als Gegengift bei verschiedenen Vergiftungen, und noch heute werden Kaolin und Bentonit, beides Tone, als Mittel gegen Durchfall verwendet. Vielleicht ist das einer der Gründe, warum schwangere Frauen Ton essen: um die Auswirkungen der morgendlichen Übelkeit auf den Darm zu lindern.

Es gibt drei wesentliche Gründe, warum Menschen Ton

essen: um den Hungertod abzuwenden, um zusätzliche Nährstoffe aufzunehmen und um Toxine zu neutralisieren.

Es ist bekannt, daß hungernde Menschen Ton essen. Finnland erlebte im Jahr 1832 eine Hungersnot, und um zu überleben, aßen die Menschen, wie der amerikanische Ethnograph Berthold Laufer berichtet, »Speisen, die sich aus einer mehlartigen silikathaltigen Erde, richtigem Mehl und Baumrinde zusammensetzten«. In diesem Fall wurde die Erde aber nur zur Auffüllung von richtigem Essen benutzt.

Vermutlich essen Menschen auch deshalb Ton und Erde, weil darin potentielle Nährstoffe stecken, darunter Eisen, Silizium, Magnesium und Kalium. Einige dieser Nährstoffe liegen jedoch in einer Form vor, die der menschliche Darm nicht aufschließen kann. Und in manchen Fällen wird dem Körper sogar Eisen entzogen, weil dieses sich mit dem Ton verbindet, so daß der Tonesser hinterher an Eisenmangel leidet.

Es spricht jedoch einiges dafür, daß Giftstoffe in der Nahrung durch Geophagie unschädlich gemacht werden. Ein Beispiel liefern Kolonien des Ara, einer farbenprächtigen Papageienart, die im peruanischen Regenwald lebt. Hin und wieder reißen diese Vögel aus einem Hang eine Klaue voll Ton. Bei reichlichem Nahrungsangebot verschmähen die Aras den Ton. Doch in schweren Zeiten müssen die Vögel mit Körnern vorliebnehmen, die mit Toxinen belastet sind, etwa mit Gerbsäuren und Alkaloiden, die sie dadurch unschädlich machen, daß sie hinterher Ton fressen.

Ton essen kann von Übel sein Manche Tone können Eisenmangel oder Anämie hervorrufen. Der Ton verbindet sich im Darm mit dem Eisen und entfernt es aus dem Verdauungssystem. Der berühmte Afrikaforscher David Livingstone führte es auf das Tonessen (»safura«) zurück, daß Schwangere schwach, blaß und kurzatmig waren – alles Symptome von Eisenmangel und Anämie. In seinen *Last Journals* schreibt er: »Wenn man auf den Fingernagel drückt und kein Blut darunter erscheint, ist *safura* die Ursache der Blutarmut.«

Eine besonders unangenehme und ironische Folge des Eisenmangels ist, daß der Darm Blei besser aufnimmt. Kinder aus ärmeren Familien, die infolge des Tonessens einen Eisenmangel haben, sind zugleich in großer Gefahr, eine Bleivergiftung zu bekommen.
Ein anderes Risiko des Tonessens besteht darin, daß bestimmte feine Tonarten sich an der Darmwand anlagern und sie völlig verstopfen können – dann muß der Darm operativ gereinigt werden.

Die in den bolivianischen und peruanischen Anden lebenden Indios ernähren sich von einer bitteren Kartoffelsorte. Vor dem Essen bereiten sie aus Ton und Wasser einen Brei. Bevor sie die Kartoffeln verspeisen, tunken sie sie in den Brei. Diesen Brauch findet man auch nördlich des Äquators bei den Hopi-, Zuni- und Navajo-Indianern. Man fand heraus, daß alle dort verbreiteten Kartoffelsorten toxische Glykoalkaloide enthalten und daß die dort vorkommenden Tone diese Toxine binden und neutralisieren.

Bei den Pomo-Indianern in Nordkalifornien und bei den Einwohnern Sardiniens waren Eicheln eine beliebte Speise. Um die in Eicheln enthaltenen bitter und säuerlich schmeckenden Gerbsäuren zu neutralisieren, nahm man Ton. Der Ton verbindet sich nicht mit der Gerbsäure, sondern wandelt sie in eine andere, weniger toxische Substanz um.

Durch die Neutralisierung von Toxinen bereichert der Ton unseren Speisezettel – um eine wahrlich erdhafte Kost.

Wenn Sie schon einmal im Busch unterwegs waren, sind Sie sehr wahrscheinlich von einem Blutegel befallen worden. Heute mag uns das seltsam vorkommen, doch in der Antike genoß der Blutegel im allgemeinen einen sehr guten Ruf unter medizinischen Aspekten. Noch im Jahr 1850 wurden Blutegel hochgepriesen (und teuer bezahlt). Nach einer Pause von hundert Jahren haben die Mediziner wieder Gefallen an ihnen gefunden.

Spezialisierte Sauger

Blutegel haben keine Nase, können aber zum Glück durch die Haut atmen. Sie haben zwei Herzen, irgendetwas zwischen zwei und acht Augen, sie trinken unser Blut, und sie können nach einer guten Mahlzeit ein Jahr lang hungern.

Blutegel sind echte Hermaphroditen, gleichzeitig Männchen und Weibchen. Daher enthält jeder flache kleine Blutegelkörper sowohl Spermien als auch Eier. Wenn zwei Blutegel beschließen, sich nackt ein wenig miteinander zu vergnügen, umschlingen sie sich, wobei ihre Körper kreuzweise liegen. Kurz darauf legt jeder der Blutegel eine kleine Spermakaspel auf dem anderen ab. Die Kapsel löst sich auf und verschwindet im Körper des anderen, so ähnlich wie die alles auflösende Flüssigkeit, die in dem Film *Aliens* aus dem fremden Wesen kam.

Grundlegende Fakten über Blutegel Blutegel sind kleine, flache Tiere, die eng mit den Regenwürmern verwandt sind. Sie gehören zum Stamm der Anneliden (Ringelwürmer), einer Gruppe wirbelloser Tiere, deren Körper aus zahlreichen Ringen oder Segmenten besteht. (*Annelid* kommt aus dem Neulateinischen und bedeutet »geringelt«.)
Die rund 10 000 Annelidenarten werden in vier Hauptklassen eingeteilt: *Polychaeta* (»Vielborstige«) wie etwa Meereswürmer, *Oligochaeta* (»Wenigborster«) wie etwa Regenwürmer, *Archiannelida*, eine recht kleine Gruppe einfacher Meereswürmer, und *Hirudinea*, unsere Freunde, die Egel.
Weltweit existieren rund 650 Arten von Egeln. Sie kommen zu Lande, im Meer und im Süßwasser vor. In Australien sind nur 40 landbewohnende Egelarten bekannt, und vermutlich 100 weitere Arten, die noch ihrer Entdeckung harren.
Blutegel sind recht zäh. Wenn sie einmal richtig satt geworden sind, können sie ein ganzes Jahr damit auskommen, und sie können sogar eine Dürre überstehen, indem sie sich richtig austrocknen lassen. Sie können selbst einen Waldbrand überstehen, indem sie sich unter Steinen verkriechen.

Ein Teil des Spermas wird von der Körperflüssigkeit des Blutegels zu den Eierstöcken befördert, dringt dort ein und befruchtet die Eier. Und das Loch im Körper? Das heilt in rund drei Tagen wieder zu. Diese merkwürdige Art von Sex nennt man »hypodermale Befruchtung«.

Blutegel haben an beiden Enden starke, muskulöse Haftplatten, die sie benutzen, um sich fortzubewegen und an ihre Beute zu heften. Die Haftplatte am Mundende ist jedoch aufs Blutsaugen spezialisiert. Der Blutegel öffnet seinen kleinen Mund und heftet sich an sein ausersehenes Opfer. Im Mund befinden sich drei kreisende Scheiben, die Y-förmig angeordnet sind, ungefähr wie beim Mercedes-Stern. Auf jeder Scheibe sitzen 60 winzige Zähne, die sich, wenn die Scheibe hin- und herschwingt, mühelos durch die Haut des auserwählten Opfers schneiden. Blutegel saugen innerhalb von 20 bis 30 Minuten zehn bis 50 Gramm Blut, dann fallen sie ab, voll wie eine Haubitze.

Sie verfügen, um sich ungestört diesem Geschäft widmen zu können, über ein ganzes Bündel wirklich ungewöhnlicher Substanzen.

Da ist zunächst das Betäubungsmittel, damit das Opfer keinen Schmerz spürt.

Dann kommt ein gefäßerweiterndes Mittel, das die Adern des Opfers weitet, damit das Blut ungehindert fließen kann.

Hinzu kommt eine sonderbare Substanz, die man Spreizungsfaktor (»spreading factor«) nennt; sie drängt die Zellen an der Bißstelle zur Seite. Dadurch können alle Substanzen, die der Blutegel dem Opfer injizieren möchte, tief eindringen. Dieser Spreizungsfaktor kann sogar eine Schicht, die Bakterien schützt, auflösen. Das Immunsystem des Opfers kann dadurch die Bakterien leichter angreifen. Darauf mag das alte Gerücht beruhen, wonach Blutegel die Heilung mancher Krankheiten unterstützen.

Ferner verfügen Blutegel über gerinnungshemmende Mittel. Sobald Sie sich verletzen, gerinnt automatisch Ihr Blut, um zu verhindern, daß Sie verbluten. Dagegen haben die Blutegel zwei verschiedene Substanzen entwickelt: Die eine verhindert die Gerinnung des Blutes, die andere löst schon entstandene Gerinnsel auf.

Einigen Meldungen zufolge enthält der Speichel des Blutegels zudem eine Substanz, welche die Ausbreitung von Krebs verlangsamen oder gar stoppen kann. Bei einem Versuch mit Mäusen, die man mit einem Sarkom infiziert hatte, wurde das Wachstum der Sarkomzellen durch ein spezielles Protein aus der Speicheldrüse des Blutegels unterbunden.

Der Blutegel selbst kann unser Blut nicht verdauen, weil er keine eigenen Verdauungsenzyme besitzt. Er hat aber eine glückliche Beziehung zu dem Bakterium *Aeromonas hydro-*

phila entwickelt, das in seinem Darm lebt. Dieses Bakterium verdaut nicht nur das gestohlene Blut für den Egel, sondern bildet darüber hinaus noch ein Antibiotikum, das andere Bakterien tötet.

All diese Substanzen könnten für uns Menschen eines Tages von Nutzen sein.

Medizinische Blutegel

Blutegel eignen sich hervorragend zum Blutschröpfen. Sie bringen ihr Betäubungsmittel gleich mit, um dem Opfer nicht weh zu tun. Und die Menge des entnommenen Blutes ist leicht zu regulieren. Will man mehr Blut entnehmen, braucht man bloß mehr Egel anzusetzen, und wenn sie aufhören sollen, braucht man nur Salz draufzutun. (Salz wirkt bei Blutegeln wie ein Brechmittel. Wenn sie brechen müssen, dann natürlich durch den Mund, der zugleich der Teil ist, mit dem sie sich an Ihnen festgebissen haben. Um sich zu übergeben, müssen sie folglich loslassen.)

Im allgemeinen hatten die Blutegel in der Antike einen sehr guten Ruf. Krankheiten, so glaubte man damals, würden durch schlechtes Blut hervorgerufen, und um dieses schlechte Blut loszuwerden, galten Blutegel als die schmerzloseste und sauberste Methode.

Im zweiten Jahrhundert n. Chr. erwähnte der griechische Arzt Galen, daß Egel zum Blutschröpfen benutzt werden. Zehn Jahrhunderte später lesen wir in einer anderen Handschrift, daß der Aderlaß, wie man das Schröpfen auch nannte, »den Geist aufrichtig werden läßt, dem Gedächtnis aufhilft, die Blase verbessert, das Mark erwärmt, das Gehör öffnet, Übelkeit beseitigt, die Verdauung anregt, die Stimme weckt, für Stuhlgang sorgt und Kummer vertreibt«.

Das *Regimen Sanitaris Salernitanum*, eine Handschrift aus dem 11. Jahrhundert, hatte sogar ein einprägsames Verschen, das die Barbiere, die den Aderlaß überwiegend vornahmen, an die Monate erinnerte, in denen Blutegel am besten anzuwenden seien:

»Der Monate, da der Aderlaß am besten wirkt, sind drei,
's ist der September, der April und auch der Mai,
Drei Monate, da des Mondes Wirkung ungeteilt.«

Jahrhundertelang waren Blutegel populär, doch dann wurde Europa von 1820 bis 1850 von einer regelrechten Blutegelmanie heimgesucht.

Blutegel haben eine schlechte Presse Die medizinische Anwendung von Blutegeln wird von einem griechischen Autor im zweiten Jahrhundert v. Chr. und auch von indischen Autoren erwähnt.
Zwei ältere Texte – Plinius' *Naturgeschichte* und der Talmud – warnen vor den Gefahren von Blutegeln. Reisenden wird geraten, sich vor Nasenegeln der Art *Linnatis nilotica* in acht zu nehmen, die ihnen in die Nase geraten können, wenn sie Wasser unbekannter Herkunft trinken. Eine mit diesem Egel verwandte Art ruft in Zentralafrika noch heute bisweilen Todesfälle durch Ersticken hervor.
Herodot beschreibt im fünften Jahrhundert v. Chr., wie Krokodile im Nil das Maul aufsperrten, damit Vögel hineingehen und ihnen die Egel vom Gaumen ablesen konnten.

Man schrieb das Jahr 1824, als mit einer einzigen Sendung aus Deutschland fünf Millionen Blutegel im Vereinigten Königreich eintrafen. Der Preis eines Blutegels betrug, auf heutige Verhältnisse umgerechnet, 50 Euro. In Frankreich wurden während dieser Blutegelmanie alljährlich 360 000 Liter Blut geschröpft. Um die Nachfrage zu befriedigen, mußte Frankreich Jahr für Jahr 40 Millionen Blutegel einführen. Von 1827 bis 1836 wurden allein in Paris jährlich sechs Millionen Blutegel benötigt.

Blut abnehmen ohne Blutegel Wenn man keine Blutegel benutzte, gab es noch einige andere Methoden der Blutabnahme.
Eine Methode war die Veneneröffnung mit einem scharfen Instrument.
Etwas komplizierter war das »Schröpfen«. Zunächst wurde ein Glas mit

brennendem Material erhitzt und dann rasch auf die Haut gesetzt. Durch die Abkühlung der Verbrennungsgase entstand ein schwacher Unterdruck, der das Blut aus dem bedeckten Bereich anzog. Wenn sich große Blutblasen bildeten – und das war oft der Fall –, wurden sie vergnügt aufgeschnitten, und das Blut floß ab. Es gab noch die Variante des »nassen Schröpfens«, bei welcher der Barbier zuvor die Haut aufschlitzte, damit mehr Blut leichter herausfließen konnte.

Ein französischer Arzt namens François Broussais (1772 bis 1838) soll die Blutegelmanie in Frankreich ausgelöst haben. Als er einmal ein bißchen Bauchweh hatte, behandelte er sich, über 18 Tage verteilt, mit 15 Anwendungen von je 50 Blutegeln. Er inspirierte eine brandneue Mode in den schicken Salons: *Robes à la Broussais*, Kleider, die mit Blutegeln bestickt waren.

Barbers' pole kommt von den Blutegeln Der einstigen Begeisterung für den Aderlaß, bei dem die Blutegel eine große Rolle spielten, verdanken wir in Australien den *Barbers' pole*, die rot-weiß spiralig gestreifte Stange als Geschäftszeichen der Friseure. Der rote Streifen steht für das Blut, das sie abnahmen, der weiße Streifen für den Verband, den sie hinterher anlegten. Die Kugel an der Spitze steht für das Gefäß, in dem sie das Blut auffingen.

Durch die Blutegelmanie wurden die Blutegel in Europa so knapp, daß man sie sogar aus dem fernen Australien importierte.

Blutegel sammeln Bis 1802 waren Blutegel in England so populär geworden, daß sie mittlerweile knapp wurden. Um diese Zeit schrieb William Wordsworth sein Gedicht »Resolution and Independence«, in dem ein alter Mann davon erzählt, wie er Blutegel sammelte:
Er wiederholte dann mit einem Lächeln seine Worte; und sagte, daß er Blutegel sammele und nach nah und fern wandere; indem er so zu seinen Füßen die Wasser der Teiche aufwühle, wo sie wohnen.
»Einst konnte ich sie überall antreffen; aber sie haben lange durch allmählichen Schwund abgenommen; doch ich harre noch aus und finde sie, wo ich kann.«

Doch Mitte des 19. Jahrhunderts wurde die Welt von einer neuen Begeisterung für die Wissenschaft gepackt, und die Blutegel fielen in Ungnade. Warum, fragten Ärzte, soll man dem Patienten, wenn er ohnhin schon schwach ist, Blut entnehmen, genau den Saft, in dem seine ganze Kraft steckt?

Wieder zu Ansehen gelangt

Erneuter Popularität erfreuten sich Blutegel zu Anfang der sechziger Jahre des vorigen Jahrhunderts, als der Harvard-Neurologe John Nicholls erkannte, daß sie für ihn die idealen Versuchstiere waren. Er wollte herausfinden, wie Nervenzellen untereinander kommunizieren.

Der medizinische Blutegel, *Hirudo medicinalis*, hat mit die größten und am leichtesten zugänglichen Nervenzellen des ganzen Tierreichs. Sie sind so groß, daß Nicholls in jede Zelle eine Elektrode stecken konnte, um ihre elektrische Aktivität zu messen.

Wir Menschen haben rund zehn Milliarden Nervenzellen, der Blutegel dagegen nur 10 000. Während sich bei uns die meisten Nervenzellen in einem dreidimensionalen Gebilde namens Gehirn ballen, liegen die Nervenzellen des Blutegels in einer dünnen Schicht ausgebreitet, so daß man sie leicht beobachten kann.

Einen Großteil unserer grundlegenden neurophysiologischen Erkenntnisse verdanken wir dem bescheidenen medizinischen Blutegel.

Da unsere wachsende Bevölkerung seine Lebensräume bedroht, gab es den medizinischen Blutegel (den 90 Prozent der Ärzte bevorzugen) 1983 weltweit nur noch in 20 Habitaten. Er wurde sogar offiziell auf die Liste der gefährdeten Arten gesetzt. Etwa in derselben Zeit erkannten Ärzte für plastische Chirurgie, daß der medizinische Blutegel ein wirklich großartiges Tier ist.

Anfang der achtziger Jahre machte die Mikrochirurgie große

Fortschritte. Man wagte sich an komplizierte Verfahren. Durch einen Unfall abgetrennte Ohren und Finger wurden kleinen Kindern wieder angenäht. Knochen mit Knochen, Muskeln mit Muskeln, Haut mit Haut oder Arterien mit Arterien zu verbinden war eigentlich unproblematisch. Schwierig war jedoch die Verbindung der kleinen Venen, die das Blut aus dem wiederangenähten Teil abtransportieren. Diese winzigen Venen sind ungefähr so dick wie ein menschliches Haar – und so fest wie ein feuchtes Papiertuch. Man kann sie einfach nicht nähen.

Blutegel im Film In dem 1951 gedrehten Film »African Queen« kann Charlie Allnutt (dargestellt von Humphrey Bogart) eines nicht ausstehen, nämlich Blutegel. Als er mit Blutegeln bedeckt aus einem Sumpf auftaucht, ruft er: »Wenn ich ein Tier auf dieser Welt hasse, dann sind es diese widerlichen Blutegel.«

Durch die Arterie gelangte das Blut in den wiederangenähten Körperteil, aber es kam nicht heraus, weil die Venen fehlten. Das Ohr oder der Finger wurde blau, schwoll an und schmerzte, und es sah ganz so aus, als sei die Operation mißlungen. Die westliche Medizin hatte getan, was sie konnte.

Jetzt kam der Auftritt des Blutegels.

Alle sechs Stunden angelegt, beseitigten ein oder zwei Blutegel das alte, sauerstoffarme Blut und ließen frisches Blut voller Sauerstoff und Nährstoffen in den wiederangenähten Körperteil strömen. Die kleine Blutmenge, welche die Blutegel dem Patienten entnahmen, zählte im Grunde nicht, und einigen medizinischen Untersuchungen zufolge verbessert der Aderlaß sogar die geistige Regsamkeit. Nach wenigen Tagen hatten die körpereigenen Reparaturmechanismen neue Venen geschaffen. Der zuvor blau angelaufene wiederangenähte Körperteil schwoll ab, bekam eine rosa Farbe und fühlte sich warm an. Der Blutegel hatte den wiederangenähten Körperteil gerettet.

Es hat also den Anschein, als hätten die kleinen Sauger uns ebensoviel zurückgegeben, wie sie uns genommen haben.

1687 veröffentlichte Isaac Newton seine Gesetze der Gravitation, angeblich nachdem er gesehen hatte, wie in seinem Obstgarten ein Apfel herabfiel. Seitdem können wir sehr genau vorhersagen, was die Gravitation *bewirkt* – darauf beruht schließlich der Erfolg der Raumfahrt. Wir wissen aber noch immer nicht genau, was die Gravitation *ist*. Erst jetzt, über 300 Jahre nach Newtons Veröffentlichung, haben Physiker sich darangemacht, Maschinen zu bauen, mit denen sie Gravitationswellen messen wollen.

Gravitation – die unser ganzes Universum prägende Kraft

Seit jeher haben Philosophen sich bemüht, die Funktionsweise unseres Universums zu verstehen. Um das Jahr 330 v. Chr. erklärte Aristoteles, das Universum beruhe auf vier Grundkräften oder Elementen: Erde, Wasser, Luft und Feuer. Jedes dieser vier Grundelemente »kenne« seinen irgendwo gelegenen »natürlichen« Ort und strebe dorthin. Objekte fielen auf die Erde, weil sie viel »Erde« enthielten. Rauch dagegen steige auf, weil er viel »Luft« enthalte.

Die vier Kräfte des Universums Die starke Kernkraft hält den Kern des Atoms zusammen. Übertragen wird sie von Gluonen genannten Teilchen. Die starke Kernkraft ist die stärkste aller Kräfte, aber sie wirkt nur über die winzige Entfernung von 10^{-15} Metern (ein Tausendstel eines Billionstels eines Meters).

Die nächstschwächere Kraft, die elektromagnetische Kraft, ist 137mal schwächer als die starke Kernkraft. Die elektromagnetische Kraft ist daran beteiligt, die Elektronen auf ihren Bahnen um den Kern des Atoms zu halten, und sie wird übertragen durch Teilchen, die man Photonen nennt. Die elektromagnetische Kraft hat eine unbegrenzte Reichweite. Sie ist beteiligt an Radio- und Fernsehwellen, Radar und Lichtstrahlen.

Die nächstschwächere Kraft ist die schwache Kernkraft, und sie ist verantwortlich für den radioaktiven Zerfall und die Kräfte, die eine Atomwaffe explodieren lassen. Verglichen mit der starken Kernkraft ist sie sehr schwach, mit einer Stärke, die je nachdem, um welche Teilchen es sich handelt, 10^{-5}, 10^{-9} und 10^{-13} (ein Hunderttausendstel, ein Milliardstel, zehn Billionstel) beträgt. Übertragen wird die schwache Kernkraft von Teilchen, die man W- und Z-Teilchen nennt. Ihre Reichweite ist noch kürzer als die der starken Kernkraft, nämlich 10^{-18} Meter (ein Millionstel eines Millionstels eines Millionstels eines Meters).

Die letzte Kraft, die das Universum regiert, ist die Gravitationskraft. Sie hält die Sterne in ihren Bahnen um das Zentrum der Galaxis und die Planeten in ihrer Bahn um unseren Stern, die Sonne. Die Gravitationskraft reicht wie die elektromagnetische Kraft bis an die Grenzen des Universums. Angeblich wird sie übertragen durch ein Teilchen namens Graviton, das aber noch niemand gemessen hat. Tatsache ist, daß man bloß eine dünne Aluminiumfolie braucht, um ein elektromagnetisches Lichtphoton oder eine Radiowelle zu stoppen, daß aber wohl die gesamte Masse unserer Galaxis mit ihren 400 000 Millionen Sternen nicht ausreichen würde, ein Graviton zu stoppen.

Moderne Physiker stimmen mit Aristoteles darin überein, daß es nur vier Kräfte im Universum gibt, aber sie nennen sie die *starke Kernkraft*, die *elektromagnetische Kraft*, die *schwache Kernkraft* und die *Gravitationskraft*.

Mit Hilfe von Teilchenbeschleunigern, Kernreaktoren und Wasserstoffbomben können wir in ganz geringem Ausmaß die starke und die schwache Kernkraft manipulieren. Mit der elektromagnetischen Kraft können wir sehr gut umgehen: Mit Rundfunk- und Fernsehsendern können wir elektromagnetische Wellen erzeugen, und mit Rundfunk- und Fernsehempfängern können wir die Wellen auffangen.

Doch die Gravitation unterscheidet sich von den drei übrigen Grundkräften. Ein Gravitationsfeld können wir nur erzeugen, indem wir eine Menge Materie an einer Stelle aufhäufen; mit einem kleinen schwarzen Kästchen können wir keine Gravitation »machen«. Außerdem wirkt die Gravitation auf alle Formen von Materie und Energie, während die drei übrigen Kräfte nur auf wenige Teilchenarten wirken. Merkwürdig ist auch, daß die Gravitationskraft stets anzieht (und niemals abstößt), während die elektromagnetische Kraft sowohl anziehen als auch abstoßen kann. Und schließlich ist die Gravitationskraft, obwohl sie die schwächste der vier fundamentalen Kräfte im Universum ist, zugleich die wichtigste, unser ganzes Universum dominierende Kraft, weil ihre Wirkungen bis an die Grenze des Universums reichen und weil die Gravitation auf alle Arten von Materie einwirkt.

Es gibt noch einen weiteren Aspekt, unter dem die Gravitation sich stark von den drei übrigen Kräften unterscheidet. Die Raumzeit hat vier Dimensionen: drei Raumdimensionen (von links nach rechts, von hinten nach vorn und von oben nach unten) und die Zeit (die normalerweise pro Sekunde um eine Sekunde fortschreitet). Für das Wirken der starken und der schwachen Kernkraft und der elektromagnetischen Kraft bildet die Raumzeit den Hintergrund. Die Gravitation bewirkt dagegen eine Verzerrung der Raumzeit selbst.

Gewicht verlieren in Alice Springs Wer mühelos Gewicht verlieren möchte, sollte nach Alice Springs gehen. Das Gravitationsfeld der Erde ist dort, im Zentrum Australiens, um 0,05 Prozent schwächer als an der Küste, weil die Gesteine dort weniger dicht sind. Wenn Sie in Sydney 100 Kilogramm wiegen, werden Sie in Alice Springs 50 Gramm leichter sein – freilich ändert das nichts an Ihrem Aussehen, leider.

Wenn wir uns die Raumzeit als eine glatte, gleichförmige Fläche vorstellen, dann erzeugt unsere Sonne eine kleine Vertiefung in dieser Fläche, und alles, was der Sonne nahekommt, wird vom Zentrum dieser Vertiefung angezogen.

Nach Einsteins allgemeiner Relativitätstheorie (die eigentlich eine Gravitationstheorie ist) sendet eine beschleunigte Masse eine Gravitationswelle aus, die sich in der als Hintergrund gedachten Raumzeit wellenförmig fortpflanzt. (Ganz ähnlich, wie eine beschleunigte elektrische Ladung eine elektromagnetische Welle aussendet.)

Eine von einem Ganz Großen Ereignis im Universum hervorgerufene Gravitationswelle, die an Ihnen vorüberläuft, läßt bei ihrer Ausbreitung das Gewebe der Raumzeit zunächst schrumpfen und dann sich ausdehnen. Diese Schrumpfung und Dehnung ist ganz geringfügig. Die Supernova SN 1987A, die 1987 in einer benachbarten Galaxie, der Kleinen Magellanschen Wolke, explodierte, verursachte Gravitationswellen in der Struktur der Raumzeit. Als diese Gravitationswellen an unserem Planeten vorbeiliefen, hatten sie eine Amplitude, die etwa einem Zehnmillionstel des Durchmessers eines Atomkerns entsprach, eine wirklich sehr kleine Distanz. Um Gravitationswellen hier auf der Erde messen zu können, bedarf es schon sehr wuchtiger Ereignisse, etwa der Explosion einer Supernova oder miteinander kollidierender Schwarzer Löcher oder eines Schwarzen Lochs, das einen Stern verschlingt.

Wie krumm ist der Raum? Der Physiker Bryce S. DeWitt nennt ein Beispiel, wie man sich die Krümmung der Raumzeit veranschaulichen kann. Werfen Sie einen Ball fünf Meter hoch, dann wird er wegen der Schwerkraft der Erde zwei Sekunden lang in der Luft sein. In diesen zwei Sekunden legt Licht rund 600 000 Kilometer zurück. Die lokale Krümmung der Raumzeit ist demnach eine Kurve, die fünf Meter hoch und 600 000 Kilometer breit ist.
Die Erde wiegt 6×10^{21} Tonnen (6000 Milliarden Milliarden Tonnen, bestehend aus 10^{52} Protonen und Neutronen). Diese Masse verbiegt die Struk-

tur der lokalen Raumzeit zu einer sehr flachen Kurve, die ungefähr einem Milliardstel der Krümmung der Erdoberfläche entspricht. Diese Kurve ist aber immer noch so tief, daß Dinge zum Erdmittelpunkt hin fallen.
Weil der Mond weniger Masse und weniger Schwerkraft hat als die Erde, ist die Krümmung der Raumzeit auf der Mondoberfläche geringer als auf der Erdoberfläche.

Gravitationswellendetektoren

Die gegenwärtige Generation von Gravitationswellendetektoren beruht auf der Idee, daß ein großes Stück Materie von den Wellen zum »Tönen« gebracht wird wie eine Glocke; man verwendet daher Metallstäbe. Eine durchlaufende Gravitationswelle wird den Raum zunächst schrumpfen und dann sich ausdehnen lassen, und entsprechend wird auch das Stück Materie schrumpfen und sich dann ausdehnen. Man erwartet, daß eine Schwingung durch das Stück Materie hindurchläuft, an dessen Ende zurückgeworfen wird und wieder zurückläuft.

Die erste, von Joseph Weber präsentierte Generation von Gravitationswellendetektoren bestand in einem frei aufgehängten Aluminiumstab. Falls eine Gravitationswelle an dem Stab entlanglaufen und ihn verkürzen und danach wieder dehnen würde, würden in dem Aluminiumstab Schwingungswellen ertönen, die an den Enden wiederholt zurückgeworfen werden würden. 1969 behauptete er, Gravitationsstrahlung nachgewiesen zu haben, doch in anderen Experimenten konnte dieses Ergebnis nicht wiederholt werden.

Dieses Konzept des Nachweises von Schwingungen wurde anschließend perfektioniert und verfeinert, indem man zu drei Gravitationswellendetektoren in großem Abstand voneinander überging. Dadurch sollten lokale Einflüsse, etwa ein schwaches Erdbeben oder ein vorüberfahrender Lastwagen, ausgeschaltet werden. Sollten alle drei weiträumig über die Erde verteilten Detektoren gleichzeitig zum Tönen gebracht werden, dann würde es sich mit hoher Wahrscheinlichkeit um eine Gravitationswelle handeln. Aus dem Zeitpunkt des Eintreffens bei den drei Detektoren ließe sich außerdem die Richtung ermitteln, aus der sie kamen.

Zur Zeit gibt es drei Gravitationswellendetektoren auf der Erde: je einer aus Aluminium in Rom und Louisiana und einer aus Niobium in West-Australien.

Der Gravitationswellendetektor in West-Australien besteht aus einem 1,5 Tonnen schweren Niobiumstab von drei Metern Länge und 30 Zentimetern Durchmesser. Er kostete rund 250 000 Australische Dollar und ist das größte Stück Niobium der Welt. Es wird so nah bis an den absoluten Nullpunkt heruntergekühlt (nur 4 Kelvin), daß die Atome praktisch nicht mehr schwingen. Infolgedessen lassen sich Schwingungen feststellen, deren Amplituden weit kleiner sind als der Durchmesser eines Atomkerns.

Niobium hat eine ganz besondere Eigenschaft: Es »tönt« besser als fast alle anderen Materialien auf der Erde (ausgenommen Silizium und Saphir, aber davon lassen sich keine hinreichend großen Blöcke herstellen). Schlägt man mit einem Hammer gegen ein Stück Stahl, wird es einige Sekunden lang schwingen, und dann verhallt der Ton. Dieser Niobiumstab wird aber wochenlang tönen. In siebzehnjähriger Bastelei haben die Wissenschaftler erreicht, daß dieses Gerät so empfindlich ist, daß es nachweisen könnte, wenn in London, auf der anderen Seite des Planeten, eine Stecknadel zu Boden fällt. Es ist so empfindlich, daß der Niobiumstab schon anfangen würde zu tönen, wenn die Erde auf ihrem Umlauf um die Sonne plötzlich auch nur um eine Distanz verschoben würde, die einem Tausendstel der Dicke eines Menschenhaars entspricht.

Die dritte Generation von Gravitationswellendetektoren heißt LIGO (Laser Interferometer Gravitational-Wave Observatory). Dieser Detektor besteht aus zwei rechtwinklig zueinander montierten Röhren aus rostfreiem Stahl von je 4 Kilometern Länge. Darin herrscht ein Vakuum, das weniger als einem Hundertstel eines Milliardstels des Luftdrucks der Erde entspricht. An den Enden sind jeweils Spiegel angebracht, zwischen denen ein Laserstrahl hin- und hergeworfen wird. Wird er von einer Gravitationswelle durchlaufen, verkürzt sich der Abstand zwischen den Spiegeln, und die beiden Laserstrahlen werden miteinander interferieren und dadurch diese Verkürzung anzeigen.

Einstein gewinnt! Einsteins allgemeine Relativitätstheorie machte eine Reihe von Vorhersagen, von denen sich einige schon als richtig erwiesen haben. Eine betrifft den Planeten Merkur, der dem starken Gravitationsfeld der Sonne besonders ausgesetzt ist.

Die Umlaufbahn des Merkur ist nicht kreisförmig, sondern leicht elliptisch (eiförmig). Den der Sonne am nächsten Teil der Ellipse nennt man Perihel. Bei jedem Umlauf des Merkur um die Sonne verschiebt sich sein Perihel auf seiner Bahn ein wenig gegenüber dem letzten Mal.

Unsere Astronomen sagen uns, daß das Perihel, der Punkt der Sonnennähe, für einen vollständigen Umlauf um die Sonne drei Millionen Jahre benötigt. Newtons Gravitationstheorie sagt das keineswegs voraus, Einsteins Gravitationstheorie aber sehr wohl, mit einer größeren Genauigkeit als ein Prozent.

Eine andere Vorhersage aus Einsteins Gravitationstheorie (oder allgemeiner Relativitätstheorie) lautete, daß Licht durch ein Gravitationsfeld abgelenkt wird.

Geht ein Lichtstrahl von einem fernen Stern durch ein starkes Gravitationsfeld (wie das der Sonne), folgt der Strahl also der lokalen Krümmung der Raumzeit und wird abgelenkt. 1919 wurde in Tahiti während einer totalen Sonnenfinsternis beobachtet, daß die scheinbaren Positionen von Sternen, deren Licht unmittelbar am Sonnenrand vorübergeht, verschoben waren, wie es Einsteins Theorie vorhersagte. Neuere und genauere Beobachtungen haben dies mit einer Abweichung von einem Prozent bestätigt.

Ferner sagte Einsteins Gravitationstheorie vorher, daß von beschleunigten Massen Gravitationswellen ausgehen. Dieser Effekt ist nur mit der empfindlichen Technik von heute meßbar, und auch das nur indirekt und nur bei riesigen Massen. Der Nobelpreis für Physik ging 1993 an Joseph Taylor und Russel Hulse, die 1974 begonnen hatten, auf diesem Gebiet zu forschen.

Neutronensterne sind, wie der Name schon sagt, Sterne, die aus Neutronen bestehen. Sie sind so dicht, daß ein Fingerhut voll an die 500 Millionen Tonnen wiegen würde. Ein Neutronenstern, der 1,4mal so schwer wäre wie unsere Sonne, hätte einen Durchmesser von nur zehn Kilometern (die Sonne mißt dagegen 1,5 Millionen Kilometer). Einige Neutronensterne sind Pulsare, die sich sehr schnell drehen und Pulse von Radiowellen ausstrahlen, vergleichbar mit dem Lichtstrahl eines Leuchtturms.
Taylor und Hulse kamen zu dem Schluß, daß es sich bei einem Himmelsobjekt namens PSR 1913+16 in Wirklichkeit um zwei Neutronensterne handelte, die einander auf einer sehr engen Bahn umkreisen. Einer der Neutronensterne war ein Pulsar, der sich etwa 160mal in der Sekunde um seine Achse drehte. Der Radiostrahl von dem Pulsar fegte über die Erde hinweg und ließ sich sehr bequem messen.
Die Umlaufzeit dieser zwei Neutronensterne um ihren gemeinsamen Schwerpunkt betrug 7,75 Stunden. Wegen ihrer Bahnbewegung beschleunigten sie um ihren Schwerpunkt, und daher sollten sie Einstein zufolge Gravitationsstrahlung aussenden. Da sie aber Energie in Form von Strahlung abgaben, mußte das von den beiden Neutronensternen gebildete System langsam Energie verlieren. Aufgrund des fortgesetzten Energieverlusts mußten die beiden Sterne einander allmählich näherkommen und ihre Umlaufzeit sich verkürzen. Nach Einsteins Berechnung mußten die Sterne sich im Jahresverlauf um einen Meter annähern und ihre Umlaufzeit von 7,75 Stunden sich um etwa 75 Millionstelsekunden verkürzen. Die Wissenschaftler machten 18 Jahre lang genaueste Messungen und kamen auf eine Zahl, die um 0,3 Prozent von der von Einstein vorhergesagten abwich.
Direkt haben wir Gravitationsstrahlung zwar noch mit keinem Instrument aufgefangen, aber wir sind verdammt sicher, daß es Gravitationswellen gibt.

Diese Anlage sollte, wenn sie fertig ist und in Betrieb genommen wird, tausendmal empfindlicher sein als die Stäbe aus Aluminium und Niobium.

Hinter dem Bestreben, Gravitationswellen messen zu können, steckt eine reale Absicht. Nur wenn wir sie messen können, werden wir vielleicht einmal in der Lage sein, sie zu beeinflussen.

Eine Gravitationsbatterie

Elektrische Energie können wir in einer elektrischen Batterie speichern. Aber stellen Sie sich vor, wir könnten Gravitationsenergie speichern!

Für die Beförderung einer Raumfähre in die Umlaufbahn benötigen wir derzeit einige tausend Tonnen Treibstoff. Die Energie in diesem Treibstoff gibt der Raumfähre eine ganze Menge potentieller Gravitationsenergie. Diese potentielle Gravitationsenergie geht jedoch in Form von Wärme einfach verloren, wenn die Raumfähre wieder in die Atmosphäre eintritt.

Könnten wir diese enorme Energiemenge aber, während wir die Raumfähre sanft herunterbringen, irgendwie in einer »Gravitationsbatterie« speichern, so könnten wir diese gespeicherte Energie anschließend nutzen, um die Raumfähre wieder in die Umlaufbahn zu bringen. Wir bräuchten dann nur noch ein bißchen Energie, um die Reibungsverluste wettzumachen. Mit einemmal würde die Raumfahrt unglaublich billig.

Das ist der Traum. Und obwohl wir Gravitationswellen nicht direkt messen können, könnte, wenn wir über so etwas wie eine Gravitationsbatterie verfügten, dieselbe Kraft, die uns an den Boden fesselt, genau der Transporter sein, auf den wir hoffen.

Explodierende Sterne und flüssige Spiegel

Die Milchstraße ist ziemlich groß. Ihr Durchmesser beträgt rund 100 000 Lichtjahre, und sie umfaßt rund 400 Milliarden Sterne. Von diesen Sternen sind aber mit bloßem Auge weniger als ein Millionstel von einem Prozent zu sehen. Wenn Sie mehr sehen wollen, brauchen Sie einen Spiegel – je größer, desto besser. Doch große Spiegel sind kostspielig, es sei denn, sie bestünden aus flüssigem Metall.

Der Raum zwischen den Sternen ist nicht leer: Es gibt dort Staub und Gas. Dank geheimer militärischer Satelliten, die nach Kernwaffenexplosionen Ausschau hielten, haben Wissenschaftler einen Stern entdeckt, der ein riesiges Loch in unsere Galaxie gerissen hat.

Geminga

Vor etwa dreihunderttausend Jahren explodierte einige hundert Lichtjahre von unserem Planeten entfernt ein Stern. Für kurze Zeit war dieser eine Stern heller als alle übrigen Sterne unserer Galaxie zusammengenommen. Er schleuderte in diesen wenigen Sekunden mehr Energie hinaus, als all die anderen 400 Milliarden Sterne unserer Galaxie sie während ihrer gesamten Lebensdauer ausstrahlen würden, und er sprengte ein Loch in unsere Galaxie. Mit Hilfe von Teleskopen im All und hier unten auf der Erde ist es Astronomen gelungen, den Schuldigen aufzuspüren.

Als der Stern in eine Supernova überging und explodierte, sprengte er seine äußeren Schichten als kosmische Trümmer ab, die mit 60 000 Kilometern pro Sekunde durchs All rasen. Der Raum zwischen den Sternen ist nicht gänzlich leer: Es gibt dort sehr dünne Gaswolken und Staub. Die sich ausbreitende Druckwelle dieser Supernova fegte dieses Gas und diesen Staub vor sich her wie ein kosmischer Besen – und hinter ihm blieb ein Raum zurück, der weitgehend frei ist von Gas und Staub. Die expandierende Druckwelle schuf regelrecht eine Blase im All.

Am Schauplatz der Explosion begannen die Überreste des Sterns zu kollabieren, weil die nuklearen Feuer ausgegangen waren. Unter dem Einfluß der gewaltigen Gravitationskräfte verschmolzen subatomare Teilchen wie Elektronen und Protonen zu Neutronen. Bald bestand dieser Stern aus einer Neutronenkugel, einem Neutronenstern von rund 20 Kilometern Durchmesser. Doch obwohl die nuklearen Feuer ausgegangen waren, war dieser Stern noch heiß von Gravitationsenergie, und daher gab er weiterhin elektromagnetische Strahlung ab.

Vor etwa 340 000 Jahren, als die Explosion begann, müssen unsere Urahnen beobachtet haben, daß ein Stern auf einmal heller wurde als der Vollmond. Vermutlich war dieser Stern auch bei Tage noch zwei Jahre lang zu sehen, bis er zu verblassen begann.

Sterne und Aberglaube Schon immer hatten Menschen abergläubische Vorstellungen über die Sterne.
In der Bibel lassen sich die drei Weisen aus dem Morgenland auf ihrer Suche nach dem neuen Messias von dem im Osten leuchtenden Stern leiten. In manchen Gesellschaften glaubt man, daß ein Meteor (eine Stern-

schnuppe) die Geburt eines neuen Kindes ankündigt. Dieses Kind sollte in Kürze dort geboren werden, wo man die Sternschnuppe beobachtet hatte (die natürlich kein Stern ist, sondern ein weit kleinerer Stein).
In anderen Gesellschaften galten Meteore dagegen als Vorzeichen des Todes.
Auf jeden Fall schrieb man den Sternschnuppen Macht zu. Wenn man sich bei ihrem Anblick etwas wünschte, würde einem diese Macht zugute kommen und den Wunsch in Erfüllung gehen lassen.
Die meisten Gesellschaften glaubten, daß es Unglück bringt, die Sterne zu zählen. In manchen Gegenden Englands hängt man dem Aberglauben an, das bloße Zählen von hundert Sternen könne den Tod bringen, und allein auf einen Stern zu zeigen könne den sofortigen Tod zur Folge haben.

Das Licht von dieser Explosion durchquerte die wenigen hundert Lichtjahre bis zu unserem Sonnensystem in wenigen hundert Jahren. Ein Großteil der Substanz des Sterns raste vom Explosionsort fort, aber sehr viel langsamer als mit Lichtgeschwindigkeit. Als diese Materie auf die Gas- und Staubmassen zwischen den Sternen prallte, löste sie eine sich rasch ausbreitende Druckwelle aus, die sich teilweise in Richtung unseres Sonnensystems fortpflanzte.

Doch unser Sonnensystem (die Sonne mit ihren neun Planeten) ist von einer Blase von Abfall von der Sonne umgeben. Unsere Sonne verdampft in jeder Sekunde vier Millionen Tonnen Wasserstoff. Etwa drei Millionen Tonnen davon werden vernichtet und gehen in reine Energie über, doch eine Million Tonnen entfernen sich als geladene Teilchen von der Sonne. Der größte Teil der Abfallblase um unser Sonnensystem besteht aus diesen eine Million Tonnen pro Sekunde.

Die erwähnte Supernova ereignete sich einige hundert Lichtjahre entfernt. Die vom Explosionsort ausgehende Druckwelle verlangsamte sich allmählich. Um diese Distanz zu überwinden, benötigte sie etwa 9000 Jahre, und als sie in die Nähe unseres Sonnensystems kam, hatte sie sich auf rund 1400 Kilometer pro Sekunde verlangsamt. Sie prallte auf die unser Sonnensystem umgebende Abfallblase. Diese erstreckt sich normalerweise von der Sonne bis zum Dreifachen der Entfernung des Pluto, des äußersten Planeten.

Dieser 9000 Jahre alte Tsunami von einer Druckwelle prallte auf die Abfallblase in Richtung Sonne und dellte sie wahrscheinlich bis hin zum Saturn oder Jupiter ein. Dann teilte er sich wie eine Meereswelle, die am Ufer auf einen Fels trifft, und setzte seinen Weg an unserem Sonnensystem vorbei fort.

Die Druckwelle muß irgendwelche Spuren hinterlassen haben. Die Substanzen und Elemente, die sie auf ihrem Weg mitgerissen hatte, lud sie wahrscheinlich auf den luftlosen Monden unseres äußeren Sonnensystems ab. Nicht betroffen waren vermutlich die inneren Planeten wie die Erde, weil sie von der eingedellten Abfallblase, die unser Sonnensystem schützt, abgeschirmt wurden.

Der Stern selbst, der einst heller gewesen war als alle Sterne der Milchstraße zusammen, war jetzt ein Neutronenstern, eine ungeheuer dichte, 20 Kilometer messende Zusammenballung von Neutronen. Im Laufe der nächsten dreihunderttausend Jahre wurde er allmählich dunkler. Sichtbares Licht strahlte er zwar kaum ab, dafür aber Röntgen- und eine Menge Gammastrahlen. (Gammastrahlen sind nur eine andere Form von elektromagnetischer Strahlung, sind aber zehntausend- bis billionenfach so energiereich wie sichtbares Licht.)

Zwischen 1963 und 1970 brachten die Amerikaner sechs Paare geheimer militärischer Satelliten der Vela-Serie in ihre Umlaufbahn. Diese Vela-Satelliten sollten nach Atomwaffen Ausschau halten, die entgegen dem Teststopabkommen auf der Erdoberfläche zur Explosion gebracht wurden. Gesucht wurde daher nach dem charakteristischen Ausbruch von Gammastrahlen, die bei einer Atomwaffenexplosion freigesetzt werden. Diese Gammastrahlen durchdringen, weil sie so energiereich sind, auch Wolken und Regen.

Die Vela-Satelliten spürten keine unerlaubten Atomwaffentests auf der Erde auf, zumindest nicht offiziell. (Doch am 22. September 1979 – die Satelliten hatten ihre siebenjährige

Lebensdauer schon weit überschritten – registrierte Vela 6911 einen plötzlichen Ausbruch von Gammastrahlen aus dem Indischen Ozean. Die Regierung Carter mochte den Informationen des betagten Vela-Satelliten damals nicht glauben. Aziz Pahad, der stellvertretende Außenminister Südafrikas, gab jedoch 18 Jahre später zu, daß sein Land mit Hilfe Israels eine Atomwaffe gebaut und im Indischen Ozean zur Explosion gebracht hatte.)

Während ihrer regulären Betriebsdauer registrierten die Vela-Satelliten aber über ein Dutzend unerklärlicher Ausbrüche von Gammastrahlen aus den Tiefen des Alls. Die Dauer dieser Impulse reichte von einigen tausendstel Sekunden bis zu mehreren hundert Sekunden. Für einen Teil dieser Meßergebnisse wurde 1973 schließlich die Geheimhaltung aufgehoben.

Unabhängig davon startete die NASA 1972 SAS-2, den zweiten kleinen Astronomie-Satelliten. Während seiner siebenmonatigen Lebensdauer registrierte er rund 8000 Ausbrüche von Gammastrahlen, also ungefähr einen alle 40 Minuten. Er identifizierte eine unglaublich helle Gammastrahlenquelle im Sternbild Gemini (Zwillinge). Allen Bemühungen zum Trotz fanden die Wissenschaftler aber keinen sichtbaren Stern, der diesem Gammastrahlen aussendenden Objekt entsprochen hätte.

Giovanni Bignami vom Institut für Raumphysik in Mailand gab diesem rätselhaften Objekt den Namen »Geminga«. Wahrscheinlich hat er sich dabei gleichzeitig einen Jux erlaubt. Offiziell begründete er den Namen »Geminga« damit, daß sich im Sternbild *Gemin*i eine *Ga*mmastrahlenquelle befand. Im Mailänder Dialekt bedeutet *geminga* jedoch »das gibt's nicht« oder »das ist nicht da«.

1975 wurde der europäische Satellit CosB in seine Umlaufbahn gebracht. Mit einem Gammastrahlendetektor ausgestattet, konnte er die Position von Geminga in einem Himmelsgebiet lokalisieren, das etwas größer ist als der Vollmond. Instrumente für die Registrierung von Gammastrahlen hatten sowohl SAS-2 als auch CosB, doch beide konnten nicht genau ermitteln, woher die Gammastrahlen kamen.

Doch 1979 startete die NASA das Einstein-Observatorium (auch High Energy Aerial Observatory-2 genannt), das Röntgenstrahlen registrieren konnte. Röntgenstrahlen liegen im Energieband ganz dicht bei den Gammastrahlen. Das Einstein-Observatorium vermochte die von ihm aufgespürten Objekte sehr viel genauer zu lokalisieren als SAS-2 oder CosB. 1983 teilte Giovanni Bignami mit, er habe irgendwo in der Nähe von Geminga eine Quelle weicher Röntgenstrahlen entdeckt.

1988 fanden unabhängig voneinander zwei Teams von Astronomen mit optischen Teleskopen (die sichtbares Licht registrieren) den Stern, der Geminga war. Es war ein sehr blauer Stern, sehr viel heißer als unsere Sonne. Hat unsere Sonne eine Oberflächentemperatur von etwa 5000 Kelvin, so lag die Temperatur dieses Sterns zwischen 300 000 und einer Million Kelvin. Bignami war einer der Entdecker, und er hatte das New Technology Telescope der Europäischen Südsternwarte in Chile benutzt. Zu dem anderen Team gehörten Jules Halpern von der Columbia-Universität und Stephen Holt von der NASA. Sie benutzten das 508-Zentimeter-Teleskop auf dem Mount Palomar in Kalifornien und entdeckten denselben Stern wie Bignami. Dieser Stern ist hundert Millionen mal schwächer als alles, was man mit bloßem Auge sehen kann, und einer der schwächsten Sterne, die mit unseren optischen Teleskopen zu sehen sind.

1991 brachte die NASA das Gammastrahlen-Observatorium in seine Umlaufbahn, mit 16 Tonnen ein Monster von einem Satelliten, um speziell nach Gammastrahlen zu suchen. Bald registrierte er etwa 2211 Gammastrahlen-Photonen, die aus der Richtung von Geminga kamen.

1992 registrierten Halpern und Holt mit dem gerade gestarteten ROSAT-Röntgensatelliten 7636 Röntgenstrahlen-Photonen. Ihre sorgfältige Auswertung ergab, daß Geminga im Abstand von 237 Millisekunden Pulse von Röntgenstrahlen aussendet.

Die Entfernung von Geminga Wir glauben, daß Geminga, dieser von einer Supernova übriggebliebene Neutronenstern, wahrscheinlich rund 200 Lichtjahre von uns entfernt ist. Dieser Ansicht sind die Astronomen, weil Geminga sich so schnell über den Himmel bewegt und weil die von dort kommenden Röntgenstrahlen nicht vom interstellaren Gas absorbiert werden. Wäre Geminga weiter entfernt, würden wir weniger Röntgenstrahlen von dort empfangen.

Sogleich eilten alle Wissenschaftler, die schon einmal Erkenntnisse über Geminga gewonnen hatten, in den Keller, um die Daten auf ihren Computerbändern nochmals zu untersuchen. Nun, da sie die magische Zahl von 237 Millisekunden hatten, konnten sie in den alten Daten nach einem sich wiederholenden Zyklus von ungefähr dieser Dauer suchen. Wichtiger war aber, daß sie, weil ihre Daten sich über mehr als zehn Jahre erstreckten, feststellen konnten, daß die Pulse von Geminga sich tatsächlich verlangsamten. Daraus konnten sie errechnen, daß Geminga rund 340 000 Jahre alt war.

Jetzt wissen wir also, daß Geminga, der Stern, der ein Loch ins All sprengte, der *nächste* Neutronenstern ist, nur ein paar hundert Lichtjahre entfernt. Was er aussendet, sind viele Gammastrahlen, einige Röntgenstrahlen und ganz wenig sichtbares Licht.

Wir wissen ferner, daß Geminga vor rund 340 000 Jahren explodierte und eine annähernd birnenförmige lokale Blase im uns umgebenden Raum erzeugte, deren ungefähre Maße 200 auf 600 Lichtjahre betragen. Doch in der Zeit seit der Explosion hat Geminga seine Position so schnell verändert, daß er sich praktisch schon außerhalb der Blase befindet, die er vor so langer Zeit erzeugte. Geminga segelt mit einer Geschwindigkeit von 0,17 Bogensekunden pro Jahr in nordöstlicher Richtung durch das All, und das bedeutet, daß er innerhalb von 10 000 Jahren eine Distanz am Himmel zurücklegt, die der Breite des Mondes entspricht.

Blase im Raum Warum ist die lokale Blase, die von Geminga in den Staub unserer Galaxis geblasen wurde, birnenförmig und nicht rund? Unsere Galaxie hat die Form eines abgeplatteten kreisenden Diskus, vergleichbar mit zwei aneinandergelegten Tellern. In der Ebene der Galaxie sind der Staub und das interstellare Gas dichter. In dieser Ebene ist die lokale Blase daher am schmalsten, weil die Dichte von Staub und Gas der sich ausbreitenden Druckwelle Widerstand entgegensetzt. Oberhalb und unterhalb der Ebene ist die Dichte jedoch geringer, und in dieser Richtung ist die lokale Blase am längsten (600 Lichtjahre).

Für uns war es ein Glück, daß Geminga so weit entfernt war, als er explodierte. Andernfalls hätte die unglaubliche Strahlung der Supernova das Leben auf unserem Planeten auslöschen können, und wir könnten heute nicht darüber sprechen. Aber vielleicht hat die Strahlung von Geminga unsere Vorfahren beeinflußt; vielleicht war sie schlecht für die Menschheit vor 340 000 Jahren, vielleicht war sie aber auch gut und hat die unglaublich rasche Evolution des Hirnvolumens angeregt.

Sichtbare Sterne

Wenn Sie sich nachts im australischen Outback befinden, werden Ihnen am nächtlichen Himmel zwei Dinge auffallen: Er ist sehr groß, und er ist voller Sterne. Nachdem Sie die Milchstraße und den übrigen Himmel eine Weile betrachtet haben, werden Sie sich fragen, wie viele Sterne Sie tatsächlich sehen können. Auch wenn es Ihnen so scheinen mag, als wären es Millionen, liegt die Wahrheit doch näher bei tausend.

Wenn ein Stern nah genug und hell genug ist, werden Sie ihn mit bloßem Auge sehen können. Astronomen messen die Helligkeit von Sternen in *Größen*, ausgedrückt durch das Zeichen *m* hinter der Zahlenangabe (von lat. *magnitudo* für »Größe«). In einer einigermaßen dunklen Vorstadt hat der schwächste

Stern, den Sie in einer durchschnittlichen Nacht sehen können, die Größe 5,5 m.

Wenn Sie ein gängiges astronomisches Nachschlagewerk wie den *Sky Catalogue 2000.0*, Band 1, aufschlagen, werden Sie eine Tabelle finden, aus der Sie entnehmen können, wie viele Sterne einer bestimmten Helligkeit oder Größe Sie tatsächlich sehen können. Diesem aktuellen und sehr angesehenen Werk zufolge sind insgesamt 2862 Sterne mit einer Helligkeit bis herab zu 5,5 m zu sehen. Das sind natürlich die Sterne, die man von allen Seiten des Globus aus sieht, so daß Sie über Ihrem jeweiligen örtlichen Horizont nur rund die Hälfte davon werden sehen können, sagen wir, rund 1400 Sterne.

Rund 150 Jahre nach der Geburt Christi hat der griechische Astronom Ptolemäus in der von Alexander dem Großen gegründeten ägyptischen Stadt Alexandria tatsächlich den Versuch unternommen. Er zählte 1022 Sterne am nächtlichen Himmel. Das ist erheblich weniger als 1400. Wie kommt es zu dieser Differenz?

John Holtz hat 1994 in dem Magazin *Sky & Telescope* beschrieben, wie er auf eine Zahl gekommen ist, die der von Ptolemäus näherkam. Er gab eine Sternendatenbank in seinen Computer ein und berücksichtigte anschließend eine ganze Reihe verschiedener Faktoren.

Es gibt zum Beispiel den Faktor »atmosphärische Extinktion«; das bedeutet: Wenn ein Stern tief am Himmel steht, nah am Horizont, verliert man ihn aus dem Blick, weil sein Licht eine längere Reise durch die Atmosphäre zurücklegen muß. Holtz programmierte seinen Computer so, daß er Sterne, die nah am Horizont standen, nicht mitzählte. Als weitere Einflußgröße berücksichtigte er ferner den Standort des Beobachters auf der Erdoberfläche. Denn je nachdem, wo man sich befindet, sind einige Sterne die ganze Nacht über sichtbar, andere sieht man nur für kurze Zeit, nachdem sie über dem Horizont aufgegangen sind, und wieder andere kommen nie über den örtlichen Horizont. Beobachter in Australien können das Kreuz des Südens immer sehen, doch Beobachter jenseits des Äquators können es nur zu bestimmten Jahreszeiten und dann nur für wenige Stunden sehen.

Ptolemäus, so fand John Holtz mit seinem Computerprogramm heraus, mußte im Jahr 150 in Alexandria, das auf 31 Grad nördlicher Breite liegt, in der Lage gewesen sein, 1095 Sterne zu sehen, was sehr nahe an die 1022 herankommt, von denen er berichtete. Mit demselben Programm ermittelte Holtz für das Jahr 1995, wie viele Sterne in unterschiedlicher Entfernung vom Äquator zu sehen waren und wie sich deren Anzahl zu unterschiedlichen Nachtzeiten veränderte.

Die größte Anzahl von Sternen ist seinen Berechnungen zufolge rund eine Stunde nach Sonnenuntergang zu sehen. Von seinem Standort in Pennsylvania aus, auf etwa 40 Grad nördlicher Breite, konnte er sein örtliches Maximum von 850 Sternen direkt nach Sonnenuntergang sehen, um Mitternacht dagegen nur noch 600 Sterne. Überhaupt, so fand er heraus, wies seine geographische Breite – 40 Grad Nord – von allen Orten auf dem Planeten die geringste Zahl sichtbarer Sterne auf.

Ein weiteres Ergebnis von Holtz: Australische Beobachter können mehr Sterne sehen als irgendwer sonst auf der Erde: Sind es nach Einbruch der Dunkelheit etwa 950, so geht die Zahl am frühen Morgen auf etwa 800 zurück. Das ist nur eine der vielen Besonderheiten des australischen Outback.

Spiegel oder Linse? Die kleinen Amateurfernrohre benutzen zur Beugung und Sammlung des Lichts praktisch allesamt Linsen, die größeren Fernrohre dagegen allesamt Spiegel. Was hat es damit auf sich?
Die Verwendung von Linsen in Fernrohren stößt auf zwei Probleme. Erstens beugt eine Linse die einzelnen Farben unterschiedlich stark: Blaues Licht wird stärker gebeugt als rotes. Dadurch bekommt das betrachtete Objekt einen farbigen Saum.
Das zweite Problem ist, daß eine große Linse (von einem Meter oder mehr) in der Mitte, wo sie nicht gestützt wird, derart mächtig ist, daß sie sich durchbiegt.

Isaac Newton, der große Physiker, erkannte dieses Problem im 17. Jahrhundert. Er ersann und baute das reflektierende Fernrohr, welches das Licht mit Hilfe von Spiegeln sammelt. Diesen Fernrohrtyp bezeichnet man heute als Newton-Spiegel.
Es gibt also keine wirklich großen Linsen, weil sie unter ihrem eigenen Gewicht in der Mitte durchhängen. Wirklich große *Spiegel* kann man dagegen haben, weil sie von hinten gestützt werden können.

Flüssige Spiegel

Spiegel haben etwas ganz Erstaunliches. Nicht nur, daß man darin sein eigenes Gesicht sehen kann – wenn man ein paar Spiegel in ein Rohr steckt und daraus ein Teleskop macht, verrät es einem, wie alt das Universum ist. Leider sind große Spiegel teuer. Nach Ansicht eines Astronomen könnte man einen 2,5-Meter-Spiegel aber schon für 25 000 Euro bauen – das ist weniger, als man für ein neues Mittelklasseauto zahlt. Dieser Spiegel bestünde aus einer Schüssel voll Quecksilber, die sich langsam dreht.

Spiegel waren bei den Menschen von jeher begehrt, seit sie ihr eigenes Antlitz von einem stehenden Gewässer zurückgeworfen sahen. In der Gegend, die wir heute als Nahen Osten bezeichnen, waren vor 5500 Jahren Spiegel aus polierter Bronze beliebt; in der Bibel ist die Rede von Spiegeln aus Messing. Etwa 328 Jahre vor der Geburt Christi errichteten die Griechen eine Schule, an der man unterschiedliche Arten von Spiegeln herzustellen lernte. Es wird sogar behauptet, die Römer hätten Glasspiegel gehabt, die auf der Rückseite mit einer reflektierenden Silberschicht versehen waren.

Heute werden Spiegel in Teleskopen eingesetzt. Astronomen pflegen ihre Teleskope als »Licht-Eimer« zu bezeichnen. Je größer der Licht-Eimer, desto mehr Photonen kann er einfangen und desto tiefer kann man ins All schauen. Ein typisches

Amateurteleskop hat einen Durchmesser von 15 Zentimetern. Das Teleskop eines ernsthaften Amateurs hat vielleicht einen Durchmesser von 40 Zentimetern. Die Spiegel von professionellen Astronomen haben jedoch einen Durchmesser, der bei 1 Meter beginnt und bis zu 4 oder 5 Metern reicht. In dieser Größenordnung fallen allein für den Spiegel Kosten von zig Millionen Euro an.

Ein Teleskopspiegel – oder auch der Reflektor der Scheinwerfer Ihres Autos – ist nicht kugelförmig, sondern parabolisch geschliffen. Von der parabolischen Form werden parallel einfallende Lichtstrahlen in einem Punkt gesammelt, was sehr nützlich ist, wenn man ein scharfes Foto haben möchte. Einen Spiegel kugelförmig zu schleifen ist ziemlich einfach, wohingegen der parabolische Schliff kompliziert und kostspielig ist. Doch durch einen wunderbaren Zufall nimmt die Oberfläche einer Flüsssigkeit in einem rotierenden Behälter eine parabolische Form an. Je schneller die Rotation, desto tiefer die Parabel.

Ermanno F. Borra, Physik-Professor an der Laval-Universität im kanadischen Québec, baut seit zehn Jahren Teleskope, deren Spiegel aus rotierendem flüssigem Quecksilber bestehen. Ein rotierender 50-Zentimeter-Spiegel aus flüssigem Quecksilber wurde sogar schon 1908 benutzt, um den Mond zu betrachten, doch wegen der damaligen technischen Beschränkungen konnte der Spiegel keine ganz glatte Oberfläche haben. Schon wenn 50 Meter entfernt ein Pferd vorbeitrabte, entstanden Rippel auf der Oberfläche des rotierenden flüssigen Quecksilbers.

Professor Borra konnte jedoch die Vorteile der modernen Technik nutzen. Das Lager, auf dem der Quecksilberbehälter ruhte, wurde nicht mit Öl, sondern mit Druckluft geschmiert und war dadurch gut gegen Schwingungen abgeschirmt, die sich vom Boden her übertrugen. Angetrieben wurde der rotierende Behälter von einem sehr ruhig laufenden Elektromotor über einen locker gespannten Treibriemen aus Gummi. Das schirmte den Spiegel gegen die Schwingungen des Motors ab. Nun stieß Borra jedoch auf das Problem, daß die durch die

Rotation erzeugten Luftströmungen auf der Oberfläche des Quecksilbers Rippel hervorriefen.

Quecksilber Quecksilber ist so dicht (13mal dichter als Wasser), daß Eisen, Steine und sogar Blei auf der Oberfläche schwimmen. Es ist seltener als Uran, aber häufiger als Gold oder Silber. Es ist außerdem eines der rund 20 »natürlich vorkommenden Elemente« (das so genannt wird, weil man es im unverbundenen Zustand findet). Es ist ferner das einzige metallische Element, das bei Zimmertemperatur flüssig ist.
Man hat Quecksilber in einem 3500 Jahre alten ägyptischen Grab gefunden. Lange vor der Geburt Christi wurde es als roter Farbstoff und als Medizin verwendet.
Heute benutzt man es in Zeitschaltern, Quecksilberbatterien, Thermometern, in Zündhütchen für Munition und bei der Goldgewinnung. In Dampfform ist es sehr giftig, und es ist als Ursache der Minamata-Krankheit unrühmlich bekanntgeworden. In Minamata auf der japanischen Insel Kiuschu vergiftete Quecksilber die Fische in der Bucht und anschließend die Stadtbewohner, die die Fische aßen.

Borra fand eine Lösung: Ein dünner Film eines Kunststoffs namens Mylar glättete das Quecksilber, ohne das Licht zu verzerren. Bei der Prüfung seines rotierenden Quecksilberspiegels stellte er fest, daß dieser eine ausgezeichnete optische Oberfläche hatte. Er war so glatt, daß die Abweichung sich auf ein Zwanzigmillionstel eines Millimeters belief. Wäre der Spiegel so groß gewesen wie der Erdumfang am Äquator, wäre die größte Unebenheit allenfalls einen Millimeter hoch gewesen.

Machen Sie sich Ihren Spiegel selbst Sie können die Flüssigspiegeltechnik von Ermanno F. Borra nutzen, um sich zu Hause Ihren eigenen Spiegel zu basteln. Sie brauchen dazu nur eine gleichmäßig laufende Drehscheibe, einen Behälter und einen Kunstharz, der dünn oder flüssig ist (damit er leicht eine parabolische Form annimmt) und eine möglichst lange Abbindezeit hat. Wenn dieser Spiegel hart geworden ist, läßt er sich leicht mit reflektierendem Mylar beschichten. Für ein Fernrohr ist er strenggenommen nicht brauchbar, aber für die Konzentration der Sonnenwärme reicht er völlig aus.

Ein Teleskop mit einem flüssigen Spiegel hat jedoch einen Nachteil: Es muß stets senkrecht stehen, sonst fließt das Quecksilber über den Rand. Borra konnte jedoch eine Reihe von raschen elektronischen Schnappschüssen vom Himmel aufnehmen, während das Teleskop mit der Erdrotation langsam weiterwanderte, und diese dann elektronisch miteinander kombinieren.

Der bislang größte flüssige Spiegel hat einen Durchmesser von drei Metern. Er befindet sich in einem Teleskop, das nach Weltraum-Müllteilchen von nur 1,5 Zentimeter Größe sucht.

Die moderne Technik macht es also möglich, ein sehr billiges und sehr hochwertiges großes Flüssigspiegelteleskop zu bauen. Die Augen, sagt man, sind die Spiegel der Seele. Mit diesen neuen, extrem billigen und extrem hochwertigen Spiegeln können Sie Ihren ganz persönlichen 2,5-Meter-Spiegel haben, um in die Seele des Universums zu blicken.

Wahrscheinlich haben Sie schon vom Polarlicht gehört, und vielleicht haben Sie schon Bilder von den unheimlich schönen, riesigen rosa und grünen Vorhängen gesehen, die Tausende von Kilometern lang über den Nachthimmel tanzen. Und wenn Sie im Oktober 1989 im australischen Outback südlich von Alice Springs waren, dann werden Sie mit eigenen Augen ein Polarlicht gesehen haben.

Gottes Fernseher

Das Polarlicht ist Gottes Fernseher. In einem normalen Fernseher schießt eine Elektronenkanone Elektronen auf einen speziellen Bildschirm, der in verschiedenen Farben leuchtet. In der oberen Atmosphäre, 100 bis 400 Kilometer über dem Boden, prallen geladene Teilchen von der Sonne auf Sauerstoff- und Stickstoffatome, die in unirdisch grünlich-weißen und rötlichen Farben leuchten.

Von den drei Aggregatzuständen der Materie – fest, flüssig und gasförmig – haben Sie wahrscheinlich schon gehört. Sie wissen, daß Wasser als festes Eis, als Flüssigkeit und als Gas vorkommt (dieses nennen wir Dampf). In diesen wohlbekannten Zuständen der Materie hat jedes Atom einen von Elektronen umgebenen Kern. Doch das Universum besteht zu 99 Prozent nicht aus Feststoffen, Flüssigkeiten oder Gasen, sondern aus Plasma. Plasma ist ein sehr heißer Zustand der Materie, in dem die Elektronen von den Atomen losgerissen sind, so daß die Atomkerne in einem Meer von Elektronen schwimmen. Plasmen finden Sie in Flammen, in Blitzen, in Plasmaschneidegeräten bei Ihrer Autowerkstatt und natürlich in der Sonne. Dieses Plasma ist so heiß, daß an der Oberfläche der Sonne in jeder Sekunde rund eine Million Tonnen geladener Teilchen herausgeschleudert werden.

Die Sonne ist eine gigantische Wasserstoffbombe, die ihren Fallout, die Auspuffgase dieses gewaltigen Motors, in das Sonnensystem hinausbläst. Dieser als »Sonnenwind« bezeichnete Fallout ist ein dünnes Plasma aus geladenen Teilchen, Kernen von Wasserstoffatomen und anderem. Der Sonnenwind fegt für gewöhnlich mit rund 400 Kilometern pro Sekunde (rund 1,5 Millionen Kilometern pro Stunde) an der Erde vorüber. Einen Nachweis des Sonnenwindes haben Sie möglicherweise 1986 zu sehen bekommen, als der Halleysche Komet vorüberzog. Der Schweif des Kometen zeigte durchgängig von der Sonne weg. Und zwar, weil er durch den Druck des Sonnenwindes von der Sonne fortgeblasen wurde.

Jupiter ist größer als der Mond! Unsere Erde hat einen Durchmesser von rund 12 800 Kilometern, die magnetische Blase, welche die Erde umgibt, mißt etwa sechs Millionen Kilometer. Die magnetische Blase um Jupiter ist noch sehr viel größer. Könnten wir die magnetische Blase um Jupiter sehen, erschiene sie uns größer als unser Mond.
Jupiter hat nicht nur ein weit stärkeres Magnetfeld als die Erde, sondern außerdem vier große Monde, einen kleinen Mond und innerhalb seiner magnetischen Blase einen Staubring. Daher findet zwischen den Monden und dem Staubring ein ständiger Austausch von geladenen Teilchen statt. Die meisten geladenen Teilchen stammen aus Vulkanen auf dem Mond Io. Weil die magnetische Blase von Jupiter so stark ist, können diese gela-

denen Teilchen auf sehr hohe Energien beschleunigt werden. Diese geladenen Teilchen sind so wirksam, daß sie einen ungeschützten Menschen binnen Minuten töten würden. Ein Raumfahrzeug, das nahe an Jupiter herankommt, muß gegen dieses Strahlenrisiko speziell gesichert werden.

Die Erde ist umgeben von einer riesigen, tränenförmigen magnetischen Blase. Auf der der Sonne zugewandten Seite der Erde wird diese magnetische Blase vom Sonnenwind zusammengedrückt und kommt uns daher ziemlich nahe – sie ist rund 60 000 Kilometer von der Erde entfernt. Auf der abgewandten Seite wird sie dagegen vom Sonnenwind gestreckt und reicht rund sechs Millionen Kilometer ins All hinaus. Diese Blase schirmt die Erde gegen schnelle geladene Teilchen aus dem Weltall ab. Doch am magnetischen Nord- und Südpol der Erde weist diese Blase große Löcher auf.

Die Farben des Polarlichts Die von der Sonne kommenden Strahlen von Elektronen und anderen geladenen Teilchen treffen in unserer Atmosphäre auf Atome. Diese unterschiedlichen Atome haben allesamt Elektronen, die um einen zentralen Kern kreisen. Die Elektronen werden durch die Energie der auftreffenden Teilchen angeregt und springen auf ein höheres Energieniveau, und wenn sie dann auf ihr normales Energieniveau zurückfallen, senden sie Licht aus.

Am häufigsten sieht man in Polarlichtern ein weißliches Grün (Wellenlänge 557,7 Nanometer), das von Sauerstoffatomen kommt. Stickstoffatome senden ein schönes Rosa aus. Es werden noch viele andere Strahlungen im ultravioletten und infraroten Bereich emittiert, die das menschliche Auge aber nicht wahrnehmen kann. Von Raumfahrzeugen, die mit Ultraviolettkameras ausgerüstet waren, wissen wir aber, daß ein typisches Polarlicht auf der sonnenbeschienenen Seite bis zu zehnmal soviel ultraviolettes Licht abgibt wie auf der dunklen Seite.

Polarlichter treten im wesentlichen unter drei Bedingungen auf:

Erstens sickert ein Teil des Sonnenwindes nach und nach in die magnetische Blase ein, die sich dehnt und dann plötzlich zurückschnappt, wobei geladene Teilchen in der Nähe des magnetischen Nord- und Südpols in die obere Atmosphäre gelangen und zwei gleichzeitige Polarlichter erzeugen.

Zweitens schleudert die Korona, die äußere Schicht der Sonne, gelegentlich gigantische Plasmablasen heraus, welche deformierte Magnetfelder mit sich führen. Fliegen diese Blasen ins All hinaus, so hinterlassen sie dunkle Löcher in der Korona, die von Kameras mit röntgenempfindlichen Filmen registriert werden können. Diese enormen Blasen fliegen mit rund 800 Kilometern pro Sekunde durchs All, und wenn sie auf unsere obere Atmosphäre treffen, können sie spektakuläre Polarlichter auslösen.

Polarlicht für die Mathematiker Die Stärke eines Polarlichts ist proportional dem Produkt aus (a) der Geschwindigkeit des Sonnenwindes, (b) der Stärke seines Magnetfeldes und (c) der vierten Potenz des Sinus der Hälfte des (vom Nordpol aus gemessenen) Polarwinkels, unter dem dieses Magnetfeld auf das Magnetfeld der Erde trifft.

Drittens stößt die Sonne supergigantische Plasmablasen aus, die eine Million Grad heiß sind, rund eine Milliarde Tonnen wiegen und mit 100 000 Kilometern pro Sekunde erstaunlich schnell sind. Die in einer solchen Blase enthaltene Energie würde ausreichen, einen See, der hundertmal so groß ist wie Australien, zum Kochen zu bringen. Solche Blasen schleudert die Sonne mehrmals im Monat hervor, doch zum Glück gehen die meisten an uns vorüber.

Magnetische Stürme

Ein kleiner Sonnenstrahl kann im Polarlicht ganz schöne Wirbel veranstalten.

Sie denken vielleicht, dort, wo die Satelliten durchs All kreisen, ist es still und friedlich, ja, vielleicht erklingt im Hintergrund sogar leise ein Wiener Walzer. Doch in Wirklichkeit sind die Satelliten ziemlich übel dran. Ionisierte Sauerstoffatome knabbern an ihrer Außenhaut, sie werden von Weltraummüll (darunter auch Urin und Fäkalien von Astronauten und Kosmonauten) attackiert, und gewaltige magnetische Stürme legen ihre empfindliche Elektronik lahm.

Wenn eine starke Böe des Sonnenwindes auf das Magnetfeld der Erde trifft, bildet sie einen riesigen Generator, der die Bewegungsenergie des Sonnenwindes in Elektrizität verwandelt. Die bei einem durchschnittlichen magnetischen Sturm erzeugte Elektrizität entspricht der in jedem Moment in den USA verbrauchten Elektrizitätsmenge: rund eine Million Megawatt. Ein großer Sturm kann millionenfach energiereicher sein.

Magnetische Stürme greifen störend in das Stromnetz ein, indem sie an Überlandleitungen gewaltige Funken induzieren. Gigantische Stürme können sogar durch das Grundgestein unserer Kontinente dringen und unter dem Meer verlaufende Telefonkabelverbindungen stören. Magnetische Stürme stören die Satelliten- und Funkkommunikation.

Im All kann es zu einer enormen Strahlungsbelastung kommen. Die Strahlungsdosis, die Sie bei einer normalen Röntgenaufnahme des Brustraums abbekommen, beträgt ein paar tausendstel Rad. Satelliten im All können dagegen einer Strahlungsbelastung von 150 000 Rad ausgesetzt sein. Um die Computerchips eines Satelliten vor einer solchen Strahlungsbelastung zu schützen, müßte der ganze Satellit von einer 35 Zentimeter dicken Aluminiumhülle umgeben sein und würde dadurch ungeheuer schwer. Daher bauen die Hersteller von Computerchips Kondensatoren ein, um strahlungsinduzierte Ladungen rascher abzuleiten, oder sie bauen Widerstände ein, um wichtige Schaltungen zu drosseln, oder sie beschichten bestimmte Flächen mit einem speziellen Oxid, einer nur 20 Millionstel Millimeter dicken Schicht. Das alles treibt die Kosten in die Höhe.

1977 kostete der Arbeitsspeicher (RAM) Ihres Computers nur zehn Euro pro Megabyte, doch das weltraumgehärtete RAM kostete eine Million Euro pro Megabyte. Schon merkwürdig, daß wir unser teuerstes RAM ins All schicken.

Single Event Upset Eine neuentstandene Industrie entwickelt alsbald ihren eigenen Jargon. Dieser Jargon enthält aus einem unerfindlichen Grund eine Menge von TLAs (Three Letter Acronyms), also Akronymen aus drei Buchstaben. Eines der TLAs der Raumfahrtindustrie lautet SEU (Single Event Upset).
Ein SEU liegt vor, wenn eine Computerschaltung einen »bit flip« hat. Im Computer sind alle Informationen in der Form von 1 oder 0 gespeichert. Bei einem bit flip wird aus der 1 eine 0 und umgekehrt. Dadurch werden die Informationen fast immer verändert.
Als Voyager I am Jupiter vorbeiflog, hatte er 42 SEUs. Eines dieser Störereignisse setzte leider die Computeruhr zurück, so daß sie um einige Tausendstelsekunden hinter der richtigen Zeit herhinkte. Einige Tausendstelsekunden sind hier auf der Erde kein großes Ding, aber sie waren von entscheidender Bedeutung angesichts der sehr präzisen Manöver, die Voyager beim Vorbeiflug an Jupiter durchführen mußte.
Heute verfügen Raumfahrzeuge über SEU-resistente Computer, deren Chips und Abschirmung strahlungsgehärtet sind.

Diese Stürme können auch Menschen in Mitleidenschaft ziehen. Nach einem Bericht der Zeitschrift *New Scientist* wurde der russische Kosmonaut in der Raumstation Mir von einem magnetischen Sturm in Angst und Schrecken versetzt. Er sagte: »Ich spürte, wie die Strahlungsteilchen durch meine Augen drangen, durch mein Gehirn strömten und möglicherweise mit meinen Nerven zusammenprallten.«

Im März 1989 wurde die Erde vom heftigsten magnetischen Sturm seit 30 Jahren heimgesucht. Er legte nicht nur neun Stunden lang das Stromnetz der Hydro-Quebec in Kanada lahm, sondern setzte auch zwei Fernmeldesatelliten außer Gefecht. Allein dieser Schaden belief sich auf 700 Millionen Euro. Dieser magnetische Sturm traf mit einer so gewaltigen Energie auf unsere Atmosphäre, daß diese sich vorübergehend weiter ins All hinein ausdehnte, was sich auf Satelliten in niedriger Umlaufbahn als zusätzliche Belastung auswirkte. Ein NASA-Satellit verlor in nur einem Tag 500 Meter an Höhe.

Ein anderer magnetischer Sturm setzte 1994 die kanadischen Fernmeldesatelliten Anik E1 und E2 außer Gefecht – beide am selben Tag. Wichtige Fernsehsendungen, Zeitungsrechnungen, Kreditkarten-Transaktionen, Piepser-Signale und dergleichen – alles war verloren.

Am 6. Januar 1997 spuckte die Sonne eine gewaltige magnetisch geladene Wolke von Helium und Wasserstoff aus. Diese Wolke raste mit 2,6 Millionen Kilometern pro Stunde auf die Erde zu und hatte sich auf rund 50 Millionen Kilometer ausgedehnt, als sie am 10. Januar auf die magnetische Blase stieß, die unsere Erde umgibt. Sie schickte einen Strom von einer Million Ampere in unsere magnetische Blase. Telstar 401, ein Fernsehsatellit von AT&T, erlebte eine massive elektrische Entladung und gab am 11. Januar seinen Geist auf. Die Ausschaltung von Telstar 401 führten einige Wissenschaftler auf diesen magnetischen Sturm zurück, doch andere erklärten, die Ursache des Ausfalls nicht zu kennen.

Magnetische Stürme legen Skylab lahm Magnetische Stürme schenken uns nicht nur unglaublich schöne Polarlichter und lassen nicht nur empfindliche Elektronik durchschmoren. Sie können auch die Atmosphäre aufheizen, und dadurch wurde Skylab lahmgelegt.

Wenn sich die obere Atmosphäre erwärmt, wird sie dichter. In einer Höhe von 400 Kilometern kann die Dichte um den Faktor 20 zunehmen, und diese höhere Dichte kann einen Satelliten aus der Bahn bringen.

Skylab, als erste permanente Raumstation der NASA gedacht, umkreiste die Erde in einer Höhe von 435 Kilometern. Es wurde für einige Aufgaben genutzt und dann aufgegeben. Zunächst wollte man einige Astronauten mit der Raumfähre hinaufschicken, damit sie Skylab sicher in eine höhere Umlaufbahn schöben. Der erste Flug der Raumfähre wurde aber um einige Jahre verschoben. Im Juli 1979, zwei Jahre vor dem Start der Raumfähre und nach einem besonders heftigen Ausbruch der Sonne, stürzte Skylab bei Esperance in West-Australien auf die Erde.

Um uns vor solchen Ereignissen zu warnen, haben wir gegenwärtig nur ein paar Forschungssatelliten, die uns mehrmals täglich ihre Forschungsdaten übermitteln. Im Oktober 1995 verzeichnete das WIND-Raumfahrzeug einen enormen magnetischen Sturm, der mit über drei Millionen Kilometern pro Stunde auf die Erde zuraste. Zufällig war genau zu diesem Zeitpunkt seine Meldung fällig, weshalb wir 30 Minuten Zeit hatten, Starkstromleitungen und wichtige Satelliten stillzulegen, was uns Millionenschäden ersparte. Wir haben jedoch keine funktionierenden Satelliten, die uns rund um die Uhr mit Daten versorgen.

Heute, zu Beginn des 21. Jahrhunderts, sind unsere hochkomplizierten Technologien also noch immer auf Gedeih und Verderb der Sonne ausgeliefert. Die Sonne hat einen regelmäßigen Aktivitätszyklus, und hoffentlich haben wir bis zum nächsten Maximum gelernt, magnetische Stürme vorherzusagen.

Robofische, Albatrosse und intelligente Werkstoffe

Den Weltrekord als effizienteste Flugmaschine hält wahrscheinlich der Albatros. Er kann Tausende von Kilometern in der Luft zurücklegen, ohne nennenswert Energie zu verbrauchen, weil er seine Flügelhaltung unablässig so verändert, daß sie die günstigste Stellung für den Gleitflug annehmen. Die Flügel des Albatros bestehen aus natürlichen, biologischen »intelligenten Werkstoffen«. Delphine verändern, um den Widerstand zu verringern, die Form ihrer Haut, auch sie haben also eine »intelligente Haut«.

Man wird einen neuen Technikzweig entwickeln müssen, der zwischen intelligenten Werkstoffen und dem Verkehrswesen eine Verbindung herstellt. Wir haben bereits Robofische erfunden, darunter Charlie, den Robofisch, und Proteus, den Robopinguin. Wohin werden uns die intelligenten Werkstoffe wohl noch führen?

Albatros findet Nahrung per Statistik

Die einzigartige Gleitfähigkeit des Albatros hat Seeleute seit Jahrhunderten fasziniert.

Vom Albatros gibt es 13 oder 14 verschiedene Arten. Die größte, der Wanderalbatros, ist ein ziemlich bemerkenswerter Vogel. Obwohl ein ausgewachsener Wanderalbatros auf eine enorme Flügelspannweite von über 3,5 Metern kommen kann, hat sein Körper eine Breite von nur 25 Zentimetern, und er wiegt nur elf Kilogramm. Er reist nicht nur bis zu 4000 Kilometer, um Futter für sein Junges zu besorgen, sondern bedient sich auch noch einer merkwürdig chaotischen Form von Statistik, die ihm hilft, dieses Futter zu finden.

Verbreitung der Albatrosse Kapitän C. C. Dixon lieferte mit die ersten und noch heute besten Informationen über die Verbreitung der Albatrosse. Er fuhr von 1892 bis 1919 in südlichen Breiten zur See. Seine Beobachtungen über den Wanderalbatros machte er an rund 3500 Tagen. Dieser Vogel hält sich überwiegend zwischen 30 und 60 Grad südlicher Breite auf, doch einige Exemplare haben auch den Äquator überquert und waren im Mittelmeerraum zu sehen.

Der Albatros-Papa begibt sich gegen Ende November gewöhnlich auf eine der kleinen Inseln im Südpazifik oder Südatlantik nahe der Antarktis. Mama trifft eine oder zwei Wochen später ein.

Das Ei kommt im Dezember, und das Küken schlüpft gewöhnlich im März. Am ersten Tag nimmt das frisch geschlüpfte Albatrosküken nichts zu sich, aber an den drei folgenden Tagen schluckt es kleine Mengen eines besonderen Öls aus den Mägen seiner Eltern. Dieses Öl ist nicht nur sehr reich an den Vitaminen A und D, der Albatros kann es auch als Waffe einsetzen und einen gut einen Meter entfernten Angreifer damit bespritzen.

Im ersten Lebensmonat kann das Albatrosjunge seine Körpertemperatur noch nicht kontrollieren, und so setzen sich die Eltern abwechselnd auf das Junge, um es warm zu halten. Das andere Elterntier fliegt hinaus aufs Meer, stößt herab und schnappt sich einen Fisch oder Tintenfisch, fliegt heim und erbricht diesen köstlichen, halbverdauten Brei, damit das Junge etwas zu fressen hat.

Der Albatros – der Ferrari unter den Seevögeln Pierre Jauventin und Henri Weimerskirch vom Nationalen Wissenschaftszentrum in Beauvoir haben sechs Wanderalbatrosse mit leichten Funksendern ausgestattet. Auf Nahrungssuche können die Vögel bei einem einzigen Flug bis zu 15 000 Kilometer zurücklegen. Sie haben nicht nur eine enorme Reichweite, sondern sind auch noch schnell. Auf der »Kurzstrecke« von 800 Kilometern erreichen sie einen Durchschnitt von 56 Stundenkilometern. Sie sind außerdem geduldig. Einer bebrütet das Ei und verläßt sich darauf, daß der ausgeflogene Partner ihm Futter bringt. Der brütende Vogel bleibt 50 Tage lang im Nest, ehe er das Ei verläßt.

Nach dem ersten Monat fliegen beide Eltern auf Jagd nach Nahrung für das Junge, und es ist dann allein zu Hause. Im Laufe der folgenden 250 Tage wird das Küken insgesamt rund 80 Kilogramm von vorverdautem Fisch und Tintenfisch fressen. Dann ist das Küken so weit, das Nest für immer zu verlassen, und das ist auch gut so, denn Papa ist nun bereit, sich mit funkelnden Augen erneut zu paaren.

Am Boden ist der Albatros ein ziemlich schwerfälliger Vogel. Das Laufen fällt ihm schwer, weil die Beine so weit hinten am Körper sitzen. Aber wenn er sich in die Lüfte erhebt, kann er stundenlang auf den tosenden Winden der Subantarktis schweben, ohne auch nur einmal mit den Flügeln zu schlagen.

Der Albatros mag einer der perfektesten Segler unter den Vögeln sein, aber um Nahrung für sich oder sein Junges zu bekommen, muß er auf dem Wasser landen. Und das führt zu einem Problem: Wie findet man am besten Nahrung, wenn diese in winzigen Brocken über Hunderttausende von Quadratkilometern eines immergleichen Meeres verteilt ist?

Ein in der Natur oft zu beobachtendes Suchmuster ist der »drunkard's walk« – der Gang eines Betrunkenen. Während jeder Schritt in eine andere Richtung führen kann, ist die Größe der Schritte fast immer dieselbe.

Aber es gibt noch ein anderes Zufallsverfahren, den Lévy-Flug, benannt nach dem französischen Bergbauingenieur und Mathematiker Paul-Pierre Lévy. Beim Lévy-Flug variiert, anders als beim Gang des Betrunkenen, die Schrittweite von ganz klein bis ganz groß. Dieses Verfahren benutzt der Wanderalbatros auf seiner Jagd über den Meeren rings um die Antarktis.

Drunkard's walk »Drunkard's walk« ist der volkstümliche Name für das, was die Mathematiker Brownsche Bewegung nennen. Der schottische Botaniker Robert Brown erkannte 1827 durch sein Mikroskop, daß winzige Teilchen sich ungeordnet bewegen. Bei ungefähr gleicher Schrittlänge konnten sie jede beliebige Richtung einschlagen.
Louis Bachelier wandte die hinter der Brownschen Bewegung steckende Mathematik im Jahr 1900 auf Aktienkursänderungen an. Albert Einstein präsentierte im Jahr 1905 ein mathematisches Modell für die Teilchenbewegung, die Robert Brown als erster beobachtet hatte. Er trug damit zum Beweis der bis dahin unbewiesenen molekularen Theorie der Materie bei. Jean Perrin, der auf der Grundlage von Einsteins Arbeit Experimente machte, erhielt 1926 den Nobelpreis für Physik.

Entdeckt haben das Peter Prince vom British Antarctic Survey in Cambridge und seine Kollegen. Sie versahen fünf Wanderalbatrosse mit elektronischen Aktivitätsmessern und Funksendern und beobachteten sie auf 19 Futtersuchflügen. Die Albatrosse legten große Entfernungen zurück, stießen dann herab, um Futter zu fangen, machten einige weitere Hüpfer, um noch mehr Futter zu holen, und flogen erneut ein langes Stück.

Japanischer Albatros 1798 erschien Samuel Taylor Coleridges erzählendes Gedicht *The Rime of the Ancient Mariner* (Der alte Seefahrer). Erzähler ist der alte Matrose, der ein törichtes Verbrechen begeht, als er einen freundlichen Albatros tötet und damit Unglück über das Schiff heraufbeschwört. Als Teil seiner Strafe muß er den toten Albatros um seinen

Hals tragen. Heute kann das Wort »Albatros« daher ein »Hindernis für den eigenen Erfolg« bedeuten.
Wenn japanische Golfspieler bei einem Par-3-Loch mit nur einem Schlag einlochen, also ein »Hole in one« erreichen, sprechen sie von einem *arubatorosu*, einem Albatros. Zur Feier des Erfolges müssen sie Essen und Trinken und Geschenke für alle anwesenden Golfer und dazu für ihre Freunde beschaffen. Das kann leicht mehr als 13 000 Euro kosten.
Daher wenden rund vier Millionen Golfer in Japan jährlich rund 280 Millionen Euro für eine Hole-in-one-Versicherung auf – um sich gegen die Möglichkeit zu versichern, daß sie ein Hole in one erzielen.

Wenn man es nachrechnet, läßt sich mit dem Suchverfahren des Lévy-Fluges eine weit größere Meeresfläche absuchen als mit dem »Gang des Betrunkenen«, und die verstreuten Fische und Tintenfische, die der Albatros braucht, sind auch einfacher zu finden.

Der Name Wanderalbatros täuscht also: Sie benutzen ein sehr effizientes Suchsystem.

Tötung von Albatrossen Im Zweiten Weltkrieg tötete die amerikanische Marine auf der Sand Island im Midway-Atoll rund 30 000 Laysan-Albatrosse, um die Zahl der Kollisionen zwischen Kampfflugzeugen und Vögeln zu verringern. Das Abschlachten wurde eingestellt, als man erkannte, daß die Albatrosse bestimmte Sanddünen bevorzugten, die ihnen einen günstigen Aufwind verschafften. Nach der Einebnung dieser Dünen ging die Zahl der Kollisionen um 70 Prozent zurück.

Robofische

Seit Hunderten von Jahrmillionen schwimmen Fische in den Meeren unseres Planeten, und es ist nicht verwunderlich, daß sie das sehr gut können. Ingenieure wissen, daß es sinnlos ist, das Rad ein zweites Mal zu erfinden, und deshalb haben sie begonnen, die äußerst effizienten Vorbilder der Natur zu kopieren. So kamen wir zu einem »Thunfisch« namens Charlie –

dem ersten Robofisch –, der in einem Tank am Massachusetts Institute of Technology herumschwimmt.

Diese Untersuchung wird durchgeführt von Michael S. Triantafyllou, Direktor der Ocean Engineering Testing Tank Facility am MIT, und seinem Bruder George, Professor für Maschinenbau am City College von New York. Es sprechen viele gute Gründe dafür, daß sie versuchen, Fische zu kopieren.

Ein normal wendiger Fisch kann eine Wendung um 180 Grad vollziehen, ohne sein Tempo zu verlangsamen, während ein Schiff dafür sein Tempo mehr als 50 Prozent drosseln muß. Und Fische schaffen das mit einem Wendekreis, der nur ein Fünftel ihrer Körperlänge beträgt; bei Schiffen muß er zehnmal so groß sein. Ein sehr wendiges Schiff könnte viele Unfälle vermeiden.

Delphine sind bemerkenswerte Meeresbewohner. Sie entwickeln rund vier Pferdestärken und erreichen eine Geschwindigkeit von 80 Stundenkilometern. Damit ein Boot so schnell ist, braucht es einen Motor von 70 PS. Alljährlich werden Milliarden Tonnen Güter in großen Schiffen über die Meere befördert – bei höherem Wirkungsgrad könnte man enorm Treibstoff sparen.

Und natürlich gibt es auch militärische Anwendungen. Schiffsschrauben sind laut, und die Marine hätte gern leise Schiffe.

Wendigkeit, Wirkungsgrad und Lärmminderung sind nur einige der Gründe, warum Charlie der Robofisch erfunden wurde. Sein komplizierter mechanischer Aufbau besteht aus über 2000 Teilen. Er ist etwa 1,25 Meter lang, hat 40 Rippen, ein Rückgrat, dessen bewegliche Segmente durch sechs Aluminiumscharniere miteinander verbunden sind, und Sehnen aus dünnen Stahlkabeln, die über Flaschenzüge laufen und von sechs Elektromotoren bewegt werden. Seine aus Kunststoffschaum und Lycra bestehende Haut ist so glatt, daß sie keine Runzeln oder Wülste aufweist (die zusätzlich Turbulenzen erzeugen würden).

Echte Fische haben auf beiden Seiten ein Sinnesorgan, das sogenannte Seitenorgan. Damit messen sie beim Schwimmen fortlaufend den Wasserdruck an den Seiten. Charlie der Robofisch ist eine brauchbare Kopie und hat dort ebenfalls Drucksensoren. Und er wird, ebenfalls wie ein echter Fisch, von einem hin und her schlagenden Schwanz angetrieben, der die Form und Funktionsweise eines echten Thunfisch-Schwanzes hat.

Warum bewegt sich ein Fisch effizienter durchs Wasser als ein Schiff mit seiner Schraube? Nun, die Schraube erzeugt hinter dem Schiff einen langen Wirbel, der Energie verschlingt und das Schiff bremst.

Ganz anders der schlagende Schwanz eines Fisches. Schlägt er zur einen Seite, erzeugt er einen Wirbel, der sich im Uhrzeigersinn dreht, schlägt er in die andere Richtung, entsteht ein Wirbel, der sich entgegen dem Uhrzeigersinn dreht. Daß der Fisch so effizient ist, erklärt sich daraus, was dann passiert.

Wenn der Wirbel im Uhrzeigersinn und der entgegen dem Uhrzeigersinn zusammentreffen, drücken sie das Wasser von dem Fisch fort. Newton sagte, daß es zu jeder Aktion eine gleiche und entgegengesetzte Reaktion gibt, und wenn das Wasser nach hinten gedrückt wird, treibt die Reaktion den Fisch vorwärts.

Bei allen bisher beobachteten Fischen zeigt sich eine sehr genaue Entsprechung zwischen den folgenden Größen: (a) der Frequenz des Schwanzschlages, (b) dem seitlichen Ausschlag des schlagenden Schwanzes und (c) der Geschwindigkeit des Fisches. Sie werden vom Fisch sorgfältig so »gewählt«, daß der Wirbel im Uhrzeigersinn und der entgegen dem Uhrzeigersinn immer zusammentreffen.

Dank dieses wunderbar einfachen Mechanismus brauchen Fische für ihre Fortbewegung im Wasser sehr wenig Energie. Schon ein früher künstlicher Fisch wie Charlie der Robofisch kann einen Wirkungsgrad von 86 Prozent erreichen, während unsere Schiffe allenfalls auf 40 Prozent kommen. Fische benutzen natürlich noch einige zusätzliche Tricks. Durch Biegen ihres Körpers holen sie auch noch Energie aus den Wirbeln, die sich an den Seiten ihres Körpers bilden. Eine exakte Kopie eines Fisches, mit einem glatten und sich kontinuierlich biegenden Körper, geht weit über das hinaus, was wir gegenwärtig in die Roboter einbauen können.

Doch nun ist Charlie, der Robofisch, überholt worden von Proteus, dem Robopinguin.

Robopinguin

Proteus der Pinguin wurde gebaut von Professor Triantafyllou und dem Studenten James Czarnowski. James sah sich eines Tages die Pinguine im New England Aquarium an, als ihm die Idee kam, daß Pinguine mit ihrem plumpen Körper viel mehr Ähnlichkeit mit großen Schiffen haben als der Thunfisch.

Daher hat Proteus der Pinguin am Hinterende zwei pinguinartige Flossen. Die Flosse sieht aus wie ein Ruder und hat einen eigenen Antrieb, durch den sie zweierlei Bewegungen ausführen kann: eine Seitwärtsbewegung und eine Drehbewegung. Die Bewegungen der Flossen werden von einem kleinen Computer gesteuert, und die Energie liefern zwei Autobatterien. Proteus ist vier Meter lang und einen halben Meter breit.

Wenn diese ruderartigen Flossen durchs Wasser schlagen, verdrängen sie mehr Wasser als die Blätter einer Schraube. Weil mehr Wasser nach hinten gedrückt wird, entsteht mehr Vortrieb. Die Flosse hat gegenüber der Schraube noch einen Vorteil. Das Wasser, das von der Schraube in eine Drehung gezwungen wurde, dreht sich noch viele Meter hinter dem Schiff. Das ist vergeudete Energie. Weil die Flossen das Wasser nicht in Drehung versetzen, geht weniger Energie verloren. In den bisherigen Tests erreichten die Flossen einen Wirkungsgrad von 87 Prozent, und das ist deutlich besser als die 70 Prozent einer Schraube. (Der Wirkungsgrad des Schiffes insgesamt ist geringer als der der Schraube.)

Proteus der Pinguin kommt auf eine Spitzengeschwindigkeit von zwei Metern pro Sekunde, indem er mit seinen Flossen 200mal in der Minute schlägt. Hochgerechnet auf die Dimensionen eines Containerschiffes, würden die Flossen alle zwei Sekunden schlagen und das Schiff auf 30 Knoten beschleunigen. Nach US-Statistikzahlen würde eine Verbesserung des Wirkungsgrades der amerikanischen Handelsflotte um nur zehn Prozent jährlich 500 Millionen Dollar einsparen. Und alljährlich rund vier Milliarden Liter Treibstoff.

Proteus der Pinguin würde auch den Militärs gefallen. Schrauben klingen wie Schrauben, und alle Seemächte haben Aufzeichnungen vom typischen Klang der U-Boote anderer Länder. Ein Antriebssystem nach Pinguinart würde in dem Hintergrundrauschen des Ozeans untergehen.

Intelligente Stoffe, die sich selbst reparieren

Wir Menschen sind wirklich gut darin, Dinge herzustellen. Doch die hergestellten Dinge haben einen Haken: Sie fangen sofort an zu verschleißen – und zwar deshalb, weil sie sich nicht selbst reparieren können. Wenn ein Auto frisch aus der Fabrik rollt, ist es so gut, wie es nie mehr sein wird.

Beim menschlichen Körper ist das anders. Nehmen wir den Knochen. Wenn man nach dem Gewicht geht, ist der Knochen stärker als Stahl. Außerdem warnt er einen (über den Schmerz), wenn eine Entzündung droht oder die Bruchgrenze näherkommt. Und ein Knochen kann sich selbst reparieren.

Könnten doch auch unsere Industrieerzeugnisse Schäden aufspüren und sich selbst reparieren! Das erscheint wie ein unmöglicher Traum, aber unsere Ingenieure sind bereits dabei, eine neue Generation von »intelligenten Stoffen« zu erfinden, und bald werden wir sich selbst reparierende Stoffe haben, die etwas »fühlen«.

Wie wichtig das ist, werden Sie verstehen, wenn Sie an 1988 zurückdenken, als über Hawaii durch Metallermüdung das Dach einer Boeing 737 abriß. Dieses Exemplar des Kurzstreckenflugzeugs war seit 19 Jahren im Dienst. Viele tausend Mal war es auf den kurzen Flügen innerhalb des Hawaii-Archipels gestartet und gelandet. Bei diesem Flug brach in einer Höhe von sieben Kilometern einfach das Kabinendach ab und verschwand. Eine Flugbegleiterin wurde aus dem Flugzeug gerissen und stürzte in den Tod, und 61 Passagiere wurden verletzt. Bei einer Überprüfung anderer Maschinen des Typs 737 stellte Boeing bei der Hälfte der untersuchten Flugzeuge winzige Ermüdungsrisse fest.

Nun sind Risse nicht leicht zu finden. Wenn Techniker nach Rissen im Flugzeug suchen, werfen sie zunächst einen Blick auf die Maschine. Das geschieht nicht nach jedem Flug. In regelmäßigen Abständen müssen sie die ganze Innenausstattung ausbauen, um wichtige Teile der Konstruktion überprüfen zu können. Bei der zweiten Methode wird das Metall mit Ultraschall untersucht. Aber die Ultraschallsensoren sind so klein (ungefähr so groß wie eine Münze), daß es Monate dauern würde, jeden Quadratzentimeter einer 747 zu prüfen.

Alle Fluggesellschaften der Welt wenden jährlich rund 30 Millarden Euro für die Wartung, Überprüfung und Reparatur ihrer Maschinen auf. Wäre es da nicht wunderbar, Flugzeuge aus Werkstoffen zu bauen, die merken, wenn sich Risse bilden, und die auch noch so findig sind, diese Risse zu reparieren?

Wir haben Nerven in unserem Körper, die dem Gehirn melden, daß wir gegen eine Wand gerannt sind oder etwas allzu Heißes angefaßt haben. Ray Measures und seine Mitarbeiter am Institute of Aerospace Studies in Toronto stellen nicht-biologische Alternativen her: Stoffe mit optischen Nerven. Schon beim Bau eines Flugzeugs installieren sie optische Fasern in der Konstruktion, durch die sie Lichtstrahlen schicken. Wird die Konstruktion des Flugzeugs gedehnt oder zusammengedrückt, ändert sich die Frequenz des Lichts, das durch die optischen Fasern läuft. Dank dieser eingebauten optischen Fasern können die Techniker ständig prüfen, ob die Konstruktionsteile des Flugzeugs noch in Ordnung sind.

Dieses eingebaute Meldesystem hat einen Vorteil: Die Ingenieure konnten die Computer so programmieren, daß in jeder Sekunde Tausende von Messungen an Millionen Stellen im ganzen Flugzeug erfolgen können. Doch die riesige Datenmenge ist wohl selbst mit den schnellsten Rechnern von heute nicht zu bewältigen.

Wir könnten aber einen Trick anwenden, den der menschliche Körper benutzt. Wir spüren das Hemd am Körper oder die Socken an den Füßen nicht, weil unser Körper entscheidet, daß es sinnlos ist, diese Informationen ständig zu überwachen. Wir könnten den Computern beibringen, ständig gleichbleibende Signale zu ignorieren und nur dann Alarm zu schlagen, wenn etwas passiert.

Dabei müßte natürlich sichergestellt sein, daß die optischen Sensoren nicht nur verläßlich und beständig Daten melden, sondern auch die Struktur, in die sie eingebaut sind, nicht schwächen.

Die neuen intelligenten Werkstoffe in Flugzeugen können nicht bloß merken, daß bald ein Schaden auftreten wird – sie können, wenn es soweit ist, den Schaden auch reparieren.

Carolyn Dry von der Universität von Illinois in Urbana-Champaign erfindet Werkstoffe, in deren Hohlfasern flüssige Substanzen gespeichert sind. Bekommt der Stoff einen Riß, reißt auch die Hohlfaser auf, die Flüssigkeit tritt aus und repariert den Schaden.

Anders geht Cliff Friend von der Cranfield University in Großbritannien vor. Er benutzt Legierungen, die ihre Form ändern können. Bei einem Riß im Material ändert sich die Form der eingebauten Legierungen und schließt den Riß.

Die orthopädischen Chirurgen sagen gern, Knochengewebe

sei das beste aller Gewebe. Völlig zu Recht: Der Knochen ist das einzige Gewebe im Körper, das sich selbst repariert und hinterher wie neu ist. Vielleicht werden sich mit dieser neuen Technik in absehbarer Zeit sowohl Knochen als auch Boeings selbst reparieren.

Intelligente Stoffe, die ihre Form ändern

Für Stoffe, die ihre Form ändern, gibt es unzählige Anwendungen.

Wenn Sie im Flugzeug schon einmal hinter den Tragflächen gesessen haben, wird Ihnen vielleicht aufgefallen sein, daß vor der Landung an der Rückseite der Flächen Klappen ausgefahren werden, um die Tragfläche zu vergrößern. Das ist eine ziemlich primitive Technik.

Nehmen wir ein Flugzeug wie die Boeing 747. Die Tragflächen sind so gestaltet, daß bei Reisegeschwindigkeit möglichst wenig Sprit verbraucht wird. Wenn es nun auf dem Flughafen eine Verspätung gegeben hat, wird das Flugzeug in eine Wartezone eingewiesen und muß ständig bei niedriger Geschwindigkeit Warteschleifen fliegen. Dafür ist die Form der Tragflächen ungünstig, und der Treibstoffverbrauch kann um 25 Prozent steigen. Stellen Sie sich vor, die Tragflächen könnten eine Form annehmen, die bei niedrigerer Geschwindigkeit effizienter wäre!

An der Auburn University in Alabama hat Ron Barrett mit seinem Team ein Kleinflugzeug konstruiert, gebaut und geflogen, das sie Mothra nannten. Die herkömmlichen aerodynamischen Leitflächen, Klappen und Querruder fehlen ganz. Dafür können das Höhenruder und das Seitenruder ihre Form ändern. Das geschieht durch piezoelektrische Aktuatoren. (»Piezo« bedeutet Druck, und »elektrisch« bedeutet elektrisch. Sie finden piezoelektrische Kristalle in dem Anzünder, mit dem Sie den Gasherd anmachen. Der Stein gibt auf Druck hin Elektrizität ab. Das funktioniert auch umgekehrt. Der Stein kann sich zusammenziehen oder ausdehnen, wenn Sie ihm Elektrizität zuführen.)

Intelligente Werkstoffe zur Schwingungsdämpfung Bei hoher Geschwindigkeit erzeugt ein Flugzeug viel Lärm, weil die Rumpfverkleidung vibriert. Wenn wir diese Verkleidung so intelligent machen könnten, daß sie selbstbestimmt eine Schwingung ausführt, welche exakt die von außen erzwungene Schwingung kompensiert, würde die Verkleidung nicht mehr vibrieren, und es würde kein Lärm mehr in die Kabine dringen. Einen Prototyp einer selbstschwingenden Verkleidung haben wir schon: Skier, die den Bedingungen entsprechend ihre Form leicht verändern, damit der Skifahrer schneller wird.

Auch Hubschrauber könnten von dieser Technik profitieren, um Lärm und Schwingungen zu verringern. Auf die Rotorblätter von Hubschraubern wirken alle möglichen Kräfte ein. Je schneller der Hubschrauber fliegt, desto größer werden diese Schwingungen. Bei mehr als 430 Kilometern pro Stunde werden die Schwingungen so stark, daß es für den Hubschrauber problematisch werden kann. Bei noch größerer Geschwindigkeit nimmt der Hubschrauber ernstlich Schaden. Intelligente Werkstoffe könnten diesen Schwingungen entgegenwirken, und die Hubschrauber könnten schneller fliegen.

In ihrem Mothra-Flugzeug führten Barrett und Mitarbeiter kleinen piezoelektrischen Aktuatoren Elektrizität zu, die sich daraufhin ausdehnten oder zusammenzogen, je nachdem, wie ihnen der Strom zugeführt wurde. Leider haben diese piezoelektrischen Aktuatoren nicht genug Mumm, um ein ausgewachsenes Flugzeug zu steuern.

Es gibt noch eine weitere Technik, die »musclewire« genannt wird. Der Draht schrumpft oder dehnt sich, je nachdem, wie man ihn unter Strom setzt. Es entsteht genügend Kraft, um ein ganzes Kilogramm zu heben, aber die Reaktion ist sehr langsam. Andere intelligente Werkstoffe können dagegen sehr schnell reagieren.

Der ganze Bereich der intelligenten Werkstoffe ist momentan noch neu, jung und am Wachsen. Wenn wir mit diesen Stoffen mehr Erfahrung haben und mehr über die menschliche DNA wissen, können wir Biologie und Technologie vielleicht zusammenbringen. Eines Tages werden wir womöglich imstande sein, mit Glukose angetriebene Muskeln zu entwickeln, um die Form der Tragfläche eines Flugzeugs zu verändern.

Alle Gesellschaften haben irgendeine Art von Musik, auch wenn sie vielleicht keine Worte dafür haben. Aber wieso interessieren wir uns überhaupt für Musik – sie mag ja ganz nett klingen, aber hat sie auch einen Nutzen? Der englische Dramatiker und Dichter William Congreve wußte in den sechziger Jahren des vorigen Jahrhunderts von einem Nutzen der Musik. In seinem Stück *The Mourning Bride* sagt er: »Die Musik hat einen Zauber, der ein grimmiges Herz besänftigt, Steine erweicht und eine knorrige Eiche beugt.« Zu alldem mag Musik in der Lage sein. Sie könnte sogar, einigen Untersuchungen zufolge, Ihr Gehirn intelligenter machen! (Und es ist nicht ausgeschlossen, daß unser Gehirn erst durch Klatsch seine heutige Größe bekommen hat.)

Standen die Höhlenmenschen auf Blues?

Bei einer archäologischen Grabung in Kiew wurden 20000 Jahre alte Musikinstrumente entdeckt. Die sechs Instrumente bestanden aus verschiedenen Knochen eines Mammuts: Schulterblatt, Hüfte, Kiefer, Stoßzähnen und Schädel. Die Musikwissenschaftler der Petersburger Eremitage stellten fest, daß diese primitiven Schlaginstrumente auch nach 20 000 Jahren noch gut klangen.

Doch den Rekord des ältesten Musikinstruments hält zur Zeit eine Flöte aus Frankreich, die 24 000 Jahre alt ist. Sie ist aus den Knochen eines Geiers gemacht. An dieser – und an vielen anderen alten Flöten – fällt auf, daß sie auf Bluenotes gestimmt war.

Was sind Bluenotes?

Die Musik von heute beruht fast durchweg auf der wohltemperierten Tonleiter, bei der eine Oktave zwölf gleichgroße Halbtonintervalle umfaßt und jeder Ton eine um 5,9 Prozent höhere Frequenz hat als der vorige. Wenn Jazzmusiker (wie Roland Kirk und Sidney Bechet) die dritte und siebte Note um einen halben Ton erniedrigen (also die Intervalle verkleinern), nennt man diese melancholisch klingenden Noten Bluenotes. Man wird also tatsächlich sagen können, daß die Höhlenmenschen auf Blues standen.

Musik und Tiere Gelegentlich wird behauptet, Tiere hätten ein besonderes Verhältnis zur Musik. Bauern glauben, der Milchfluß werde gefördert, wenn man den Kühen beim Melken Musik vorspielt. In dem Film *Bringing Up Baby* liebt ein Leopard das Lied »I Can't Give You Anything But Love, Baby«.

Gadi Gvaryahu von der Hebräischen Universität in Jerusalem fand 1989 heraus, daß Hühner und Truthühner drei Prozent mehr Gewicht bekamen, wenn ihnen leise beruhigende Musik vorgespielt wurde. Auch schien die Musik sie zufriedener zu machen.

Der Psychobiologe Jaak Panksepp von der Bowling Green State University in Ohio hat über zehn Jahre lang beobachtet, wie Tiere und Menschen auf verschiedene Geräusche und Musik reagieren. Eltern konnte er einen Schauder über den Rücken jagen, wenn er ihnen das Weinen ihrer Kinder vorspielte. Ähnlich reagierten Hühner auf Pink Floyd. Als er ihnen »The Final Cut« vorspielte, sträubte sich ihr Gefieder – das entspricht bei Hühnern dem Schauder, der uns über den Rücken läuft.

Der Schriftsteller Aelian behauptete im alten Rom, mit Dudelsackspiel und Tanz könne man Stachelrochen aus dem Wasser locken. Auch könne man »mit den süßesten Melodien« Wildschweine und Hirsche anlocken.

John Wesley, der Stifter der Methodistenreligion, machte sogar ein Experiment über die Wirkungen von Musik auf Tiger und Löwen. Am Silvesterabend 1764 ging er mit einem Flötenspieler die Löwenhöhle am Londoner Tower besuchen. Im Tagebuch notierte er, einer der Löwen sei »vor seine Höhle gekommen, und er schien voller Aufmerksamkeit zu sein«.

Neuere Musik

Alle Gesellschaften scheinen irgendeine Art von Musik zu haben, auch wenn sie keinen Namen dafür besitzen. Um Musik zu machen, braucht man ein Instrument.

In einer Höhle rund 50 Kilometer nördlich von Lissabon fand man eine 5000 Jahre alte Flöte aus dem Knochen eines Rehs. Die Höhle war eine Totenstadt, in der die Toten nach bestimmten Mustern beigesetzt wurden. Den rund 150 Skeletten waren verschiedene Objekte beigegeben, darunter Äxte, Krummhauen, Ahlen, Armbänder, Muschelschalen und Musikinstrumente. Auch damals wurde Musik also geschätzt.

Die abendländische Musik hat ihren Ursprung vermutlich im »Fruchtbaren Halbmond« am östlichen Ende des Mittelmeers. Aus erhaltenen Bildern und Instrumenten ist zu schließen, daß die dort lebenden Völker vor 5500 Jahren alle vier Arten von Musikinstrumenten besaßen. Unser wahrscheinlich ältestes erhaltenes Musikstück, der Schaduf-Gesang, ist etliche tausend Jahre alt. Er wird immer noch von Bewässerungsarbeitern gesungen, die mit Muskelkraft Wassereimer aus dem Nil heben und auf die Felder bringen.

Musik und Wut Lange glaubte man, ein zorniger oder wütender Mensch könne durch Musik besänftigt werden. Der große Filmemacher D. W. Griffith drehte 1913 einen Kurzfilm mit dem Titel *The House of Darkness*. Darin hat ein Wahnsinniger heftige Anfälle, die nur mit Klaviermusik beruhigt werden können.

Musik und Sprache Musik muß anders sein als die übrigen menschlichen Ausdrucksmittel. Maurice Ravel komponierte 1928 den berühmten *Bolero*. Später wurde er krank. Woran er genau litt, wissen wir nicht, aber die Krankheit zerstörte seine Sprech- und Schreibfähigkeit.
Doch selbst danach konnte er noch ein ganzes Jahr lang komponieren. Bei ihm waren die Musikzentren im Gehirn robuster als die Zentren für Sprechen und Schreiben.

Die älteste musikalische Notenschrift geht laut *Guinness Book of Records* von 1993 auf rund 1800 v. Chr. zurück und ist somit etwa 3800 Jahre alt.

Die musikalische Tradition fand ihren Weg von Griechenland nach Rom und von dort ins übrige Europa. Die christliche Religion war eng mit der Entwicklung der Musik im Westen verbunden. Die Urchristen haben Gebete und Bibelzitate vermutlich gesungen, üblicherweise auf Lateinisch. Oft hatten ihre Gesänge keinen gleichmäßigen Rhythmus, sondern folgten in der Akzentuierung der Aussprache der lateinischen Wörter. Vieles davon ließ Papst Gregor I. zusammenstellen, und deshalb spricht man vom »Gregorianischen Gesang«. Lange bestand die abendländische Musik im wesentlichen aus religiösen Gesängen.

Typen von Instrumenten Früher kannte man vier Grundtypen von Musikinstrumenten: Membranophone, Aerophone, Idiophone und Chordophone. Membranophone (z. B. Trommeln) erzeugen Töne mit Häuten, die über einen mitschwingenden Hohlraum gespannt sind. Aerophone (z. B. Hörner und Ziehharmonikas) erzeugen Töne, wenn Luft in einen Hohlraum geblasen wird (der oft lang und zylindrisch ist) und mitschwingt. Idiophone (z. B. Rasseln, Xylophone) erzeugen Töne, wenn der Körper des Instruments ganz oder teilweise mitschwingt. Chordophone (z. B. Klaviere, Cembali, Gitarren) haben Saiten, die einen Ton erzeugen, wenn sie angeschlagen oder gezupft werden.
Mit unserer neuen Technik haben wir einen neuen Instrumententyp, das Elektrophon (z. B. Synthesizer, elektronische Orgel), das mit Hilfe der Elektronik Töne erzeugt.

Musiker erfanden die Zeit!

Im Mittelalter half Musik, jene seltsame Sache zu verstehen, die wir »Zeit« nennen. Zuvor hatte man in der Zeit etwas gesehen, das mit der Außenwelt zu tun hatte, zum Beispiel mit dem Sonnenaufgang.

Doch im Mittelalter erkannten Musiker als erste, daß Zeit etwas Eigenes ist, das nichts mit der physischen Welt zu tun hat.

Bis dahin galt die Zeit als etwas, das mit der Sonne zusammenhängt. Man verabredete sich beispielsweise zu einem Treffen kurz vor Sonnenuntergang, am Mittag und so weiter. Heute haben wir Uhren, die sogar genauer sind als die Umdrehung der Erde, und die Situation hat sich umgekehrt: Wir können zum Beispiel sagen, daß die Sonne um 18:42:03 Uhr untergeht. Doch im Mittelalter waren es die Musiker mit ihren neu entdeckten Kompositionstechniken, die begriffen, daß die Zeit etwas Eigenes ist.

Ein Unbekannter (wahrscheinlich ein Student an der Universität von Paris, dem man den Namen Anonymus IV. gegeben hat) schrieb nämlich ein Buch über Musik, in dem ein ganzes Kapitel den »Pausen« gewidmet war. Er sprach von einer »Pause oder Auslassung von Tönen für eine bestimmte Dauer oder Einheiten der Dauer«. Bei der Kirche stieß diese neue musikalische Betonung der reinen Musik (Musik ohne Worte) anstelle der religiösen Musik (Musik und Worte zum Lobe Gottes) auf großen Widerstand. Anfang des 14. Jahrhunderts verfaßte Papst Johannes XXII. sogar eine päpstliche Bulle, in der er jene, die »sich außergewöhnlich mit der Messung von Zeitwerten befassen«, nachdrücklich verurteilte.

Teure Saiten Musikinstrumente können erstaunliche Preise erzielen. Eine Fender Stratocaster, eine Gitarre, die ursprünglich Jimi Hendrix gehört hatte, wurde 1990 von dessen ehemaligem Drummer Mitch Mitchell für 198 000 Pfund Sterling veräußert. Im selben Jahr wurde die »Mendels-

sohn«-Stradivari, eine Violine von 1720, für 902 000 Pfund verkauft. Die Käufer beider Saiteninstrumente blieben unbekannt.
Der höchste, jemals für ein Piano gezahlte Preis betrug 390 000 Dollar. Dieser Steinway-Flügel wurde um 1880 gebaut und an eine Person verkauft, die nicht Klavier spielen konnte.

Doch gerade weil diese Musiker sich so sehr mit dem Verstehen der Zeit befaßten, kam es zu einer wissenschaftlichen Revolution. Drei Jahrhunderte später konnte Isaac Newton schreiben: »Die absolute, wahre und mathematische Zeit fließt an sich und aufgrund ihres Wesens gleichmäßig und ohne Zusammenhang mit irgend etwas Äußerem.« Dank der Musiker wurde die Zeit als etwas aufgefaßt, das nicht unbedingt mit der physischen Welt zusammenhing, sondern von selbst geschah – und diese große Umwälzung im Denken kam *nicht* von den Wissenschaftlern, sondern von den Musikern.

Musik erlernen und gescheiter werden

Über die Macht der Musik begann ich nachzudenken, als ein Student nach dem anderen bei einer Preisverleihung der Naturwissenschaftlichen Fakultät der Universität Sydney seinen Preis entgegennahm und ich bei der Beschreibung seiner Leistungen erstaunt feststellte, daß die allermeisten der preisgekrönten naturwissenschaftlichen Studenten und Studentinnen zugleich Musiker waren.

Musik hatte anscheinend eine seltsame Nebenwirkung: Sie steigert die Fähigkeiten des Gehirns.

In einer dreijährigen Untersuchung an 1200 Schweizer Kindern kam heraus, daß Kinder wirklich schneller lernen, wenn sie mehr Musikunterricht haben. Die Kinder im Alter zwischen sieben und fünfzehn stammten aus 70 Klassen; der Unterricht dauerte 45 Minuten.

Vor Beginn der Untersuchung hatten alle 1200 Kinder ein bis

zwei Musikstunden wöchentlich. Dann wurde bei der Hälfte der Kinder die Zahl der Musikstunden auf fünf pro Woche erhöht. Zum Ausgleich wurde die Zahl der Stunden in Mathematik und Deutsch/Französisch/Italienisch gesenkt.

Nach drei Jahren machte man erstaunliche Feststellungen. Die Kinder mit dem zusätzlichen Musikunterricht waren nämlich in der jeweiligen Sprache besser als die anderen Kinder und in Mathe ebenso gut wie sie. Die verstärkt musikalisch unterrichteten Kinder konnten außerdem vorgelesene Geschichten besser wiedergeben, sei es bildnerisch, sei es mit Worten. Und sie lernten überdies schneller lesen.

Was liegt hier vor? Wir alle wissen, daß der Körper durch sportliche Betätigung kräftiger wird. Wenn man ein Instrument erlernt, könnte das genau die richtige Übung sein, um das Gehirn schlauer zu machen. Selbst das Erlernen einfacher Sachen, zum Beispiel den »Flohwalzer« auf dem Klavier zu spielen, könnte den Menschen in der Weise fordern, daß das Gehirn insgesamt davon profitiert.

Musikalische Krankheiten Musik hören mag gut für das Gehirn sein, doch Musik spielen kann schlecht für den Körper sein.
Der australische Physiologe Hunter Fry befragte die Musiker in sieben Orchestern. Unter den Spielern von Saiteninstrumenten litten 75 Prozent an verschiedenen Berufskrankheiten. Musiker werden offenbar von vier Problemgruppen geplagt: »Überlastungs«-Syndrome, Krämpfe, psychischer Stress und Mit-den-Nerven-fertig-sein.
Alle Musikertypen hatten ihre bevorzugte Krankheit: Da gab es das Flötistenkinn, das Celloskrotum, den Geigerhals und den Gitarrennippel.
Dr. Eric LePage, Senior Research Scientist an den National Acoustic Laboratories in Sydney, sagte, die meisten klassischen Orchestermusiker hätten einen Gehörverlust. Am geringsten war der Gehörverlust bei Blas- und Saiteninstrumentalisten, stärker bei Blechbläsern und gewaltig bei Perkussionisten. Er sagte: »Bei Perkussionisten können wir innerhalb von gut drei Jahren eine signifikante Veränderung der Ohrschäden beobachten.«

Musik hören und den räumlichen IQ verbessern

1993 fanden Frances H. Rauscher und Mitarbeiter am Zentrum für die Neurobiologie des Lernens und Gedächtnisses an der Universität von Kalifornien in Irvine ein weiteres interessantes Ergebnis.

Der IQ (Intelligenzquotient) ist bekanntlich ein grobes Maß dafür, wie schlau jemand ist. Es gibt verschiedene IQ-Typen: den verbalen IQ (wie gut einer mit Worten umgeht), den mathematischen IQ (wie gut einer im Rechnen ist), den räumlichen IQ (wie gut einer sich mit Formen auskennt) und so weiter.

Rauscher befaßte sich mit dem räumlichen IQ. Die Aufgabe bestand laut Untersuchungsbericht darin, ausgeschnittene gefaltete Papierformen zu verschiedenen Mustern zu ordnen, und die Versuchspersonen schnitten sehr viel besser ab, wenn sie Mozarts Sonate für zwei Klaviere in D-Dur, KV 448, hörten. Die Wirkung hielt nur rund zehn Minuten an, aber während sie der Musik lauschten, waren ihre Leistungen besser.

Eine Leistungssteigerung trat nicht ein, wenn andere Arten von Musik abgespielt wurden, zum Beispiel Technopop oder Kompositionen von Philip Glass. Im Anordnen von Papierfetzen besser zu sein heißt nicht, intelligenter zu sein, aber bemerkenswert ist es doch. Bei sehr vielen Aktivitäten kommt es darauf an, Formen und Muster zu betrachten und neu anzuordnen. Zum Beispiel beim Schachspielen, im Ingenieurwesen, beim Zeichnen und Bauen.

Beim Geigespielen wächst das Gehirn

Bei einer anderen Untersuchung zeigte sich, daß Geigespielen unter Umständen das Gehirn wachsen läßt.

Beim Geigespielen zeigt der rechte Arm (der Bogenarm) beim Streichen über die Saiten ein verwickeltes Spiel von Gleichgewicht und Präzision. Noch schwieriger ist die Aufgabe der Finger der linken Hand. Sie müssen an der richtigen Stelle drücken, auf die richtigen Saiten, mit dem richtigen Druck und für die genau richtige Dauer – und das alles sehr sorgfältig und oft sehr schnell. In der Untersuchung stellte sich heraus, daß der Teil des Gehirns, der die Finger der linken Hand steuert (die für gewöhnlich die schwächere Hand ist), bei Geigenschülern tatsächlich größer ist als bei allen anderen.

Es könnte natürlich sein, daß Leute, bei denen der Teil des Gehirns, der die Finger der linken Hand steuert, irgendwie zum Geigespielen neigen, aber sehr wahrscheinlich ist das nicht.

Musik und Chirurgie

Dr. Lawrence Golden berichtete vor der Amerikanischen Psychosomatischen Vereinigung von seiner Untersuchung, derzufolge angenehme Musik dazu beitragen kann, daß Patienten eine Operation besser überstehen.

Untersucht wurden 40 Patienten, die sich ambulant wegen eines Glaukoms oder eines grauen Stars operieren ließen. Die eine Hälfte der Patienten durfte während und nach der Operation über Kopfhörer Musik der eigenen Wahl hören, die andere Hälfte nicht. Bei denjenigen, die die Musik ihrer Wahl hören durften, war die Wahrscheinlichkeit, daß der Puls und der Blutdruck während der Operation stiegen, geringer, und anschließend berichteten sie, daß sie während des Eingriffs weniger ängstlich waren.

Fraktale Musik In dem Film *Amadeus* scheint Kaiser Joseph von Österreich die Weltpremiere von Mozarts *Entführung aus dem Serail* zu genießen. Der Kaiser beschwert sich jedoch, daß die Musik »zu viele Noten enthält«. Fraktal komprimierte Musik hätte ihn vielleicht aufgeheitert.
Kenneth Hsü, Geologe an der Eidgenössischen Technischen Hochschule in Zürich, und sein Sohn Andrew Hsü, Musiker am Konservatorium und der Musikhochschule in Zürich, haben eine fraktale Kompressionstechnik für

Musik erfunden. Sie funktioniert nicht bei jeder Art von Musik, aber sie funktioniert bei Bach und Mozart. Als sie die fraktale Kompression auf J. S. Bachs Invention Nr. 1 in C-Dur anwandten, war die Musik immer noch vollkommen erkennbar, wenn sie die Hälfte oder gar drei Viertel der Noten entfernten. Die geänderte Version klang »wie Bach, aber unter Aussparung von Trillern und Ausschmückungen«, erklären die Hsüs.
Und als sie das Original auf ein Vierundsechzigstel einschrumpften, blieben ihnen nur noch drei Noten, die fundamentalen drei Noten der ganzen Komposition.

In diesem Fall ist die Musik besser als Medikamente: Sie ist sehr billig, sie funktioniert, und sie hat keine negativen Nebenwirkungen.

Musik formt das Gehirn

Denker und Komponisten haben sich gründliche Gedanken über die Musik gemacht. Der amerikanische Philosoph Eric Hoffer sagt in seinem Buch *Reflections on the Human Condition*: »Es ist die angespannte Seele, die Musik macht, und angespannt werden Seelen durch die Anziehungskraft von Gegensätzen – gegensätzlichen Neigungen, Geschmäckern, Sehnsüchten, Loyalitäten. Wo es keine Polarität gibt – wo Energien reibungslos in eine Richtung fließen –, wird es viel Getue geben, aber keine Musik.«

Tanzen zum Groove Wenn wir laute Musik hören, die uns gefällt, möchten wir aufspringen und tanzen. Woher kommt das?
Neil Todd, Psychologe an der Universität Manchester, glaubt, daß es etwas mit der anderen Funktion des menschlichen Ohres zu tun hat. Wir wissen alle, daß es zum Hören da ist. Es hat aber noch eine andere Aufgabe: unser Gleichgewicht zu bewahren. Ein Teil des Systems der Gleichgewichtserhaltung ist der sogenannte Sacculus. Neil Todd stellte überrascht fest, daß der Sacculus nicht nur das Gleichgewicht bewahrt – was

seine Hauptaufgabe ist –, sondern auch schallempfindlich ist. Er beginnt bei Tönen von mehr als 70 Dezibel zu reagieren, so daß er auf jeden Fall bei Musik von über 100 Dezibel reagiert.
Derzeit wissen wir nicht, was mit dem Sacculus passiert, wenn er durch laute Musik stimuliert wird. Er könnte aber dafür mitverantwortlich sein, daß Musik uns Lust aufs Tanzen macht.

Der berühmte Rockmusiker Frank Zappa hat einmal gesagt: »Musik ist, wenn sie vorgetragen wird, eine Art Skulptur. Bei dem Vortrag wird die Luft zu etwas geformt.« Vielleicht formt ja die Musik auch Ihr Gehirn.

Klatsch ist gut

Etliche Seiten unserer Zeitungen und Magazine sind voll von Klatsch und Gerüchten, ob nun über die Politik oder über das Privatleben der Reichen und Törichten. An diesem Klatsch muß etwas sehr wichtig sein, weil die Leute immer wieder diese Zeitungen kaufen.

Robin Dunbar, Professor der biologischen Anthropologie in London (der Heimatstadt des Royal-Klatsches), hat eine Theorie präsentiert, die erkärt, warum wir so gerne klatschen. Seine unbeweisbare, aber interessante Theorie stellt einen Zusammenhang her zwischen der Sprache, der Ausdehnung der Hirnoberfläche und der »natürlichen« Größe einer Gemeinschaft. Die Theorie handelt nur von Primaten, zweibeinigen Säugetieren wie Lemuren, Schimpansen und Menschen.

Im Vergleich zu anderen Primaten haben wir Menschen eine sehr große Hirnoberfläche. Die oberste Schicht, der Neokortex, befaßt sich mit jenen Dingen, die uns als Menschen auszeichnen: Dichtung, Skud-Raketen und Klatsch. Dunbar vermutet, daß die Größe des Neokortex eines Tieres mit der Größe seiner Gemeinschaft zusammenhängt.

Madegassische Lemuren, die einen kleinen Neokortex haben, leben in Zehnergruppen. Schimpansen, die einen größeren Neokortex haben, leben in Gruppen von etwa fünfzig. Aus diesen und anderen Zahlen hat er errechnet, daß Menschen, die den größten Neokortex haben, eigentlich in Gemeinschaften von etwa 150 Personen leben sollten – und die Geschichte scheint dies zu bestätigen.

Vor 8000 Jahren hatten Dörfer im Nahen Osten eine Bevölkerung von 120 bis 150 Menschen. In Nordamerika leben die Hutterschen Brüder noch heute in Gemeinschaften von 60 bis 150 Leuten. Diese religiösen Fundamentalisten leben auf Kollektivfarmen und sind der Meinung, daß eine Gruppe, solange sie weniger als 150 Leute zählt, durch den bloßen Erwartungsdruck der anderen zusammengehalten werden kann. Sobald die Gruppe mehr als 150 Personen zählt, teilt sie sich in zwei Gruppen auf. (In meinem Telefonverzeichnis stehen zufällig 160 Leute, die ich regelmäßig anrufe.)

Dunbars Theorie besagt ferner, daß in dem Maße, wie die Gemeinschaften größer wurden, die Sprache einfach entstehen mußte. Alle Primaten beschäftigen sich ausgedehnt miteinander. Lemuren und Schimpansen sitzen im Kreis zusammen und suchen sich gegenseitig die Zecken und Läuse aus dem Fell. Schimpansen wenden dafür 20 Prozent ihrer Zeit auf.

In einer Menschengruppe von mehr als 150 Personen würde diese soziale Fellpflege 50 Prozent der Zeit verschlingen – für andere Dinge wäre einfach keine Zeit mehr.

Hörverlust bei Schwarzen und Weißen Schwarze sind vor einem Hörverlust durch laute Musik etwas besser geschützt als Weiße. Das fand Professor Steve Jones vom University College in London.
Mit Rassismus oder Überlegenheitstheorien habe das nichts zu tun, sagt er. Der einzige signifikante Unterschied zwischen Schwarzen und Weißen beziehe sich auf den Melaningehalt der Haut. Seine Experimente haben ergeben, daß sich das Gehör von Schwarzen nach Schallereignissen einer bestimmten Stärke rascher erholt als das von Weißen. Möglicherweise leiden sie seltener unter Hörschäden als Weiße, weil das Melanin im Ohr die Schallenergie schluckt.

Nach der Theorie von Professor Dunbar wurde, als die Gruppe größer wurde, die Sprache erfunden, als ein zeitsparender Weg der sozialen Fellpflege und Interaktion. Mit den Händen allein kann man nur einem Schimpansen die Läuse ablesen, doch mittels der Sprache kann man mit mehreren gleichzeitig interagieren. Beim Läusesuchen kann man nichts anderes tun, aber wenn man die Sprache hat, kann man reden und gehen und Beeren sammeln, und das alles gleichzeitig.

Und man kann mit der Sprache Bindungen zu Menschen aufbauen, die gerade nicht anwesend sind, indem man *über* sie spricht, indem man, anders gesagt, Klatsch über sie verbreitet. Professor Dunbar zufolge war Klatsch ein sehr wichtiges Bindemittel für die Gruppen der Frühmenschen.

Diese neue Theorie weicht stark von der alten ab, derzufolge die Sprache von Männern erfunden wurde, die gemeinsam auf die Jagd gingen. Tatsächlich spricht viel mehr dafür, daß die Sprache von Frauen erfunden wurde. Auch heute zeigen alle psychologischen Tests, daß Frauen bessere sprachliche Fähigkeiten haben als Männer.

Was die Leute vor fünfzig Jahren auf den Teller bekamen, war vermutlich vollkommen steril und keimfrei – das Fleisch war so stark erhitzt worden, daß es sich verfärbte, und die Gemüsebeilage aus dreierlei Sorten war gründlich gekocht, jede Sorte in einer anderen Farbe. Unser Geschmack hat sich geändert. Gepökeltes oder Essen aus Dosen (beide Verfahren dienten dazu, Bakterien fernzuhalten) mögen wir nicht mehr, und wir bevorzugen zunehmend leicht gebratenes, mageres Fleisch ohne Konservierungsmittel und als Beilage kaum gegartes Gemüse. Allein in Australien und Neuseeland sterben alljährlich über 600 Menschen an Erkrankungen, die mit Lebensmittelvergiftung zusammenhängen – die Dunkelziffer der nahrungsbedingten Erkrankungen liegt hier zwischen 460 000 und 2,3 Millionen Fällen.

Die an der Vergiftung schuldigen Bakterien sterben aber, wenn man die Nahrung unter einen Druck setzt, der fünfmal so hoch ist wie am Grund des Pazifiks.

Lebensmittelvergiftung

Auf der ganzen Welt sterben jährlich Millionen von Menschen an Lebensmittelvergiftung. Rund drei Millionen Kinder sterben jedes Jahr an Durchfall; von diesen sterben zwei Millionen an Lebensmittelvergiftung durch verunreinigte Nahrung. Wir sind ständig das Angriffsziel von Bakterien wie *Salmonella* in Eiern, *Listeria* in Käse und *Escherichia coli* in Fleischwaren.

An einer Lebensmittelvergiftung können unterschiedliche Erreger beteiligt sein: Viren, Bakterien, Pilze und Parasiten.

Aber werfen wir einmal einen Blick auf die bakterielle Lebensmittelvergiftung. Im *New Scientist* wurde 1994 ein Szenario erörtert, an dem die Bakterien *E. coli*, *Camphylobacter* und *Listeria* beteiligt sind. Stellen wir uns vor, ein Schlachttier trinkt Wasser aus einem Fluß, der mit diesen Bakterien verunreinigt ist. Diese Bakterien gelangen in das Schlachttier und, wenn es geschlachtet ist, in das Hackfleisch eines Hamburgers.

Nehmen wir an, ein Lehrling in einem Fastfood-Restaurant, der in der Küche arbeitet, möchte gern eine Pause machen und legt das Hamburger-Fleisch unverantwortlicherweise neben ein Stück Weichkäse. Einige der *Listeria*-Bakterien wandern hinüber zu dem Fleisch. Die *E. coli* bleiben in dem Fleisch, aber eine Fliege, die sich auf das Fleisch setzt, nimmt einige *Camphylobacter* auf und setzt sich dann auf den Rand eines geöffneten Milchkartons in der Nähe. Nach der Pause brät der Lehrling das Hamburger-Fleisch nur leicht, so daß die *E. coli* in der ungebratenen Mitte des Fleisches gesund und munter bleiben.

Weil drei Bakterien beteiligt sind, wollen wir die Fälle von drei Gästen betrachten.

Angenommen, der erste Gast bekommt die *E. coli*. Es gibt viele Arten von *E. coli*, und die meisten sind für uns unschädlich. Es gibt aber zwei ziemlich unangenehme Varianten, und sie heißen 0157:H7 und 0111:H (welche in Südaustralien 1995 eine epidemische Lebensmittelvergiftung hervorrief). Ein Gast ißt etwas von dem verunreinigten und nicht genügend gebratenen Hamburger-Fleisch. Die *E. coli* bilden Toxine, welche die Nieren angreifen, und sterben drei Tage später.

Drachen vergiftet 65 Personen Der Zoo von Denver in den USA zeigte im Januar 1996 Komodo-Warane, die im englischen Sprachraum als »dragons«, Drachen, bezeichnet werden. Dadurch kam es zur größten jemals bekanntgewordenen und mit Reptilien zusammenhängenden Lebensmittelvergiftung durch Salmonellen.
Die von der Lebensmittelvergiftung verursachte Krankheit dauerte durchschnittlich neun Tage. Von den 65 Opfern hatten 38 blutigen Durchfall, und sechs wurden ins Krankenhaus eingeliefert. Von den 65 mußten 23 mit Antibiotika behandelt werden.
Die vier Drachen hatten keine direkte Berührung mit den Besuchern. Sie sind nämlich tückisch veranlagt, und es heißt, daß sie Menschen fressen. Die Salmonellen wurden durch den *Zaun* übertragen. Sie gelangten aus dem Darm eines der Drachen auf den Boden und von dort auf die Pfoten der Drachen. Diese stützten ihre Pfoten gelegentlich auf den Zaun. Waren die Drachen nicht in der Nähe, faßten die Besucher den Zaun an. Irgendwann berührten sie dann mit der Hand ihren Mund, und damit nahm die Lebensmittelvergiftung ihren Lauf.

Ein zweiter, weiblicher Gast bestellt einen Milchshake, der aus der Milch bereitet wird, die (durch die Fliege) mit dem *Camphylobacter* verunreinigt wurde. Drei Tage später bekommt die Frau schweren Durchfall, Erbrechen und Fieber, erholt sich aber wieder.

Ein dritter Gast entscheidet sich für ein Gericht mit dem saftigen Weichkäse, der mit den *Listeria* verunreinigt war. Er stirbt rund drei Wochen später an Meningitis.

Das Merkwürdige ist nun, daß wir alle eine Erlaubnis benötigen, um ein Auto fahren zu dürfen, daß es aber für Leute, die mit Nahrungsmitteln umgehen, keiner Erlaubnis bedarf, die an elementare Sicherheitsvorkehrungen geknüpft wäre. Mit vier einfachen Regeln hätten diese Fälle von Lebensmittelvergiftung vermieden werden können.

Erstens: Nahrungsmittel richtig kochen oder braten. Fleisch auf mindestens 75 Grad erhitzen; das tötet *E. coli* und andere Bakterien, die Lebensmittelvergiftungen hervorrufen.

Zweitens: Bakterien, die auf rohen Nahrungsmitteln, speziell die Bakterien, die auf rohem Fleisch leben, von Nahrungsmitteln fernhalten, die bereits gekocht oder gebraten sind oder die, wie Salate, nicht gekocht werden. Das bedeutet: Wenn rohes Fleisch auf einem Hackbrett gelegen hat oder mit einem Messer geschnitten wurde, muß man sich die Hände gründlich waschen und Hackbrett und Messer ebenfalls.

Drittens: Lebensmittelvergiftung verursachende Bakterien, die auf unserem Körper leben, von zubereiteten Speisen fernhalten. Bei 50 Prozent von uns lebt zum Beispiel ein Bakterium auf der Haut, das sich *Staphylococcus aureus* nennt. Ein klassischer Fall von Lebensmittelvergiftung dieser Art ereignete sich auf einem Flug von Anchorage nach Kopenhagen. Eine Person, die auf diesem Flug das Essen ausgab, hatte eine Pustel an der Hand und verunreinigte dadurch das Essen der Passagiere. Etwa 200 der 343 Passagiere bekamen eine Lebensmittelvergiftung, und davon mußten 30 mit intravenösen Flüssigkeiten behandelt werden. Nötig ist also eine einwandfreie persönliche Hygiene, zu der auch das Händewaschen gehört. Zubereitete Nahrung sollte man möglichst gar nicht direkt mit der Hand berühren, sondern lieber saubere Gerätschaften benutzen.

Salmonelle tötet Omi Am 9. Dezember 1996 war Mary McMamee nach einer kleinen gelungenen Operation – ein Geschwür in der Knöchelgegend war beseitigt worden – auf dem besten Weg der Genesung. Trotz ihrer 91 Jahre erfreute sie sich einer ausgezeichneten Gesundheit.

Vor der Operation hatte sie tagelang gefastet, und hinterher aß sie ein Sandwich. Sie starb eine Woche später an einer Salmonellenvergiftung. Es lag an der Füllung des Sandwichs.

Schließlich sollte man zubereitete Speisen bei der richtigen Temperatur aufbewahren. Bakterien, die Lebensmittelvergiftungen hervorrufen, können sich bei Temperaturen zwischen fünf und 60 Grad prächtig vermehren. Wenn das Essen fertig ist, muß man es entweder bei über 60 Grad siedend heiß halten, oder man muß es auf unter fünf Grad kühlen. Wird fertiges Essen nochmals aufgewärmt, dann jedenfalls auf über 75 Grad.

Bakterien mutieren Antibiotika können bestimmte Bakterien töten, doch mit der Zeit mutieren die Bakterien und werden resistent gegen diese Antibiotika. Weil es von einer Bakteriengeneration zur nächsten nur einen Tag dauert, wird die Resistenz gegen das Arzneimittel sehr schnell an die Nachkommen weitergegeben.
Wie werden die Bakterien resistent gegen die Arzneimittel?
Wissenschaftler haben herausgefunden, daß jede Generation von Bakterien einen hohen Anteil von »Mutanten« enthält. Eigentlich ist es ein angeborener Mangel, der sie mutieren läßt: Sie können nicht nur Fehler in der eigenen DNA nicht reparieren, sondern übernehmen auch noch sehr leicht DNA von anderen Bakterien. Ursprünglich hatten die Wissenschaftler mit vielleicht 0,01 Prozent Mutanten in einer Bakterienpopulation gerechnet. Tatsächlich sind es in bestimmten Spielarten von *E. coli* und *Salmonella enterica* bis zu fünf oder sechs Prozent.

Und wenn man sich mit den Temperaturen nicht sicher ist: Lebensmittelthermometer gibt es in jedem Einkaufszentrum billig zu kaufen.

Lebensmittelvergiftung ist häufig und nimmt zu, läßt sich aber leicht vermeiden, wenn man weiß, was man zu tun hat.

Nahrungsmittel unter Druck

Was können wir tun gegen Salmonellen in Eiern, *Listeria* in Käse und *E. coli* in Fleisch? Von der Pasteurisierung haben Sie wahrscheinlich schon gehört. Lassen Sie mich Ihnen von einem neuen Verfahren erzählen, mit dem Schädlinge in Nahrungsmitteln getötet werden können.

Es klingt unglaublich, aber Nahrungsmitteltechniker haben herausgefunden, daß sie die Bakterien, die Lebensmittelvergiftung hervorrufen, auslöschen können, wenn sie die Nahrungsmittel unter einen Druck von bis zu 9000 Atmosphären setzen.

Üblicherweise werden Bakterien in Nahrungsmitteln durch Erhitzen getötet. Eine Dose mit Erbsen wird beispielsweise eine Stunde lang auf 120 Grad erhitzt. Das tötet die Bakterien auf jeden Fall, aber dabei wird auch die Beschaffenheit und Farbe der Erbsen zerstört, und deshalb muß grüner Farbstoff zugegeben werden, damit die Erbsen wieder normal aussehen. Außerdem werden bei der hohen Temperatur die Moleküle zerstört, die für den leckeren Geschmack sorgen, und zu Molekülen abgebaut, die nicht so lecker schmecken.

Eiswürfel können giftig sein Wenn Sie nach einer Party eine Lebensmittelvergiftung bekommen, schieben Sie die Schuld bestimmt auf das, was Sie dort gegessen haben. Doch das Gesundheitsministerium von New South Wales in Australien fand in einer Untersuchung heraus, daß die fertig verpackten Eiswürfel, die man für Partys kaufen kann, einen gefährlich hohen Anteil an Bakterien und Schwermetallen aufwiesen.

Mit Hochdruck kann man jedoch Bakterien töten, ohne daß der Geschmack verlorengeht. Da wird aber nicht etwa ein Apfel in einen Schraubstock gespannt und gepreßt. Das Nahrungsmittel wird vielmehr in einen Druckbehälter gegeben, und dann wird der Druck verstärkt.

Die Zellen eines jeden Lebewesens, sei es ein Bakterium, Brokkoli oder eine Heidelbeere, sind von einer Zellwand umgeben. Sie hat die Aufgabe, die Außenwelt draußen und das Innere drinnen zu halten. Der Druck beschädigt diese Wand und macht sie durchlässig. Das stört die Bakterien, die ständig aktiv sind, während es sich kaum auf die Zellen in der Nahrung auswirkt, die im Grunde schlafen und nur darauf warten, verspeist zu werden.

Der Hochdruck beschädigt auch die DNA und die Ribosomen der Zelle, die beide an der Bildung von Proteinen beteiligt sind. *E. coli* ist in Australien bereits dafür bekannt, einige Personen getötet zu haben, doch genügt schon ein Druck von 700 Atmosphären, um die DNA und die Ribosomen daran zu hindern, weitere Proteine zu bilden. Auch hier sind nur die Bakterien betroffen, nicht die Zellen in der Nahrung.

Bazillen, Därme und Gelenke Eine Lebensmittelvergiftung kann schon schlimm genug sein, während man darunter leidet. Sie kann einem aber auch noch zu schaffen machen, wenn sie vorbei ist.
Noch ein halbes Jahr nach dem Anfall leidet jeder vierte Patient an einem veränderten Stuhlgang. Bei jedem vierzehnten kann sich ein Reizkolon entwickeln. Seltener kommt es zu einer aktiven Arthritis, die eine Gelenktransplantation erforderlich machen kann.

In Japan ist Yomogimochi eine Delikatesse, die man sich am Neujahrstag gönnt. Es ist ein gedämpfter Reisbrei, vermengt mit Beifuß. Normalerweise wird er frisch zubereitet, weil das fertig gekaufte Zeug einfach nicht so gut schmeckt wie das selbstgekochte. Rikmauru Hayashi von der Universität Kioto hat Yomogimochi mit dem Hochdruckverfahren bearbeitet und findet, daß es genauso lecker schmeckt wie selbstgemacht. 1996 gaben die Japaner für diese Hochdruckdelikatesse eine Million Euro aus.

Salzige Nahrung kann gefährlich sein Seit Jahrtausenden hat man Nahrungsmittel gesalzen, weil Bakterien bei einem hohen Salzgehalt eingehen. Steven Dealler und Richard Lacey, Mikrobiologen an der Universität Leeds, haben ermittelt, daß salzige Nahrungsmittel nicht leicht von Mikrowellen durchdrungen werden. Äußerlich werden sie heiß, aber das Innere bleibt möglicherweise kühl. Bakterien, die durch Mutation resistent gegen Salz geworden sind, können die niedrige Temperatur leicht überstehen. Dealler und Lacey zufolge induzieren die Mikrowellen Ströme, die in die äußeren Schichten der salzigen Nahrungsmittel fließen. Diese Ströme wirken dann der Mikrowellenenergie entgegen, bevor sie tief in die Nahrung eindringen kann.

Die Japaner haben sich als erste dieses neue Konservierungsverfahren zu eigen gemacht. Inzwischen gibt es köstliche Fruchtmarmeladen, Joghurts und Fruchtsäfte, die so behandelt wurden. Grapefruitsaft gewinnt dadurch sogar, weil ein Teil der Bitterstoffe beseitigt wird. Auch bleibt das Vitamin C erhalten, das bei Erhitzung normalerweise zerstört wird.

Dieses Hochdruckverfahren steckt noch in den Anfängen. Nahrungsmittel mit inneren Hohlräumen wie etwa Gurken werden durch Hochdruck zu Brei. Trauben werden härter, Kohl dagegen weicher. Pilze und Kartoffeln werden braun, weil der Druck die Wirkung eines oxidierenden Enzyms verstärkt.

Lebensmittelvergiftung in aller Welt Allein in den USA gibt es alljährlich rund 10000 »unnötige Todesfälle« durch Lebensmittelvergiftung. Hinzu kommen rund 50 Millionen nichttödliche Fälle. Die jährlichen Kosten der Lebensmittelvergiftung belaufen sich in den USA auf rund fünf Milliarden Dollar.

Schlimmer ist die Lebensmittelvergiftung in der Dritten Welt. Fritz Käferstein, Chef der Lebensmittelsicherheit bei der Weltgesundheitsorganisation, sagte: »Man stellt sich gar nicht vor, daß infizierte Nahrungsmittel die Hauptursache von Durchfall und eine der wichtigsten Todesursachen weltweit sind; jeder denkt zuerst an verunreinigtes Wasser und unzulängliche Hygiene.«

Nach dem Umweltprogramm der Vereinten Nationen von 1990 sind schon 45 Prozent der Flüsse unseres Planeten in gefährlichem Ausmaß mit Fäkalbakterien wie *E. coli* verunreinigt. Viele der ärmeren Länder düngen ihre Felder mit »nächtlichem Dung« (menschlichen Fäkalien), und dadurch können Viren und Bakterien in die Nahrungskette gelangen. Melonen, die viel Wasser aufnehmen, sind als Bakterienträger berüchtigt.

Lebensmittelvergiftungen in den reicheren Ländern haben etwas andere Ursachen. Dort werden die Nahrungsmittel in großen zentralisierten Fabriken verarbeitet. Das verbilligt die Nahrungsmittel, aber es kann auch zur Folge haben, daß ein einziges infiziertes Tier eine ganze Wagenladung verdirbt. Außerdem gibt es eine Tendenz weg vom Selberkochen – in den USA werden schon rund 60 Prozent aller Speisen außerhalb des Hauses verzehrt.

Diesen Effekt kann man sich aber auch zunutze machen, denn Reifungsenzyme werden ebenfalls verstärkt, zum Beispiel das Labferment im Käse. Dadurch kommt Käse früher auf Ihren Tisch, und das heißt, er wird billiger.

Das Hochdruckverfahren eignet sich auch für Fleisch. Weil es die Bindungen zwischen solchen Proteinen wie Aktin und Myosin aufbricht, wird das Fleisch zarter. Auch die schöne zartrosa Farbe des Fleisches wird durch Hochdruck nicht beeinträchtigt.

Populär ist das Hochdruckverfahren bisher nur in Japan. Aber das US-Verteidigungsministerium investiert eine Menge Geld in das Verfahren, um auf diese Weise die Truppenverpflegung haltbar zu machen.

Lebensmittelvergiftung und Vergessen Es gibt Tausende von Arten mikroskopischer Algen, aber nur einige Dutzend weisen Toxine auf, die uns zu schaffen machen. Diese Algen werden von Schalentieren gefressen, und die Toxine können sich in Austern und Muscheln anreichern. Eine Lebensmittelvergiftung durch Schalentiere kann zu Durchfall, Lähmung und sogar zu Gedächtnisverlust führen.

Die Amnesie durch Schalentiervergiftung wurde 1987 erstmals beschrieben. Alle Patienten, die in ein kanadisches Krankenhaus eingeliefert wurden, litten an den klassischen Symptomen einer Lebensmittelvergiftung und darüber hinaus an einigen recht merkwürdigen Symptomen. Eines davon war ein Verlust des Kurzzeitgedächtnisses, so daß sie sich nicht erinnern konnten, was sie zuletzt gegessen hatten. Ausgelöst wurde die Epidemie durch Muscheln von Prince Edward Island. Drei Menschen starben, und über hundert waren schwer vergiftet.

Was die Lebensmittelvergiftung angeht, brauchen Sie sich künftig also keine Sorgen zu machen – das, was Sie essen werden, hat den Streß durch den Hochdruck schon hinter sich.

»Hep« bedeutet Leber, »itis« Entzündung – Hepatitis ist also die vage Umschreibung einer Leberentzündung. Hepatitis kann viele Ursachen haben: Drogen wie Alkohol, Methyldopa, Paracetamol, Isoniazid, Toxine wie die aus dem wildwachsenden Pilz *Amanita phalloides* und Viren.

Ein kürzlich entdecktes Virus, das Hepatitis verursacht, hat bereits zehn Prozent der Weltbevölkerung befallen und werden die Gesellschaft mehr kosten als Aids – aber dennoch werden für die Bekämpfung dieses Virus weniger als zwei Prozent der Summen bereitgestellt, die man für die Aidsbekämpfung bewilligt hat.

Vielfältige Symptome

Die Symptome von Hepatitis sind vielfältig; sie reichen von einer zeitweiligen Abgeschlagenheit bis hin zu Schmerzen im oberen rechten Bauchbereich, von gelblicher Haut und Übelkeit bis hin zur Zirrhose und manchmal bis hin zum Leberkrebs.

Daß es verschiedene Arten von Hepatitis gibt, ist seit langem bekannt. Früher konnten Ärzte nur anhand des Krankheitsverlaufs entscheiden – wie man die Hepatitis bekommen hatte, wie krank man wurde, wie lange es dauerte usw. –, welche Art von Hepatitis vorlag.

Anfang der siebziger Jahre entwickelten Mediziner Testverfahren zur Ermittlung des jeweils verantwortlichen Virus. Die »ansteckende Hepatitis« wurde zur Hepatitis A, die »Serumhepatitis« zur Hepatitis B. Unsere Erkenntnisse über die Krankheit wachsen jedoch so schnell, daß wir am Ende wohl das halbe Alphabet für die Benennung der einzelnen Arten benötigen werden.

Das Hepatitis A verursachende Virus ist recht klein, es hat einen Durchmesser von nur 27 Nanometern (ein Nanometer ist ein Millionstel eines Millimeters). Dieses Virus nimmt man mit dem Mund auf, aus der Nahrung oder einem anderen infizierten Objekt. Hepatitis A bricht bevorzugt in Militärcamps und Kinderbetreuungsstätten aus. Der Verlauf ist zumeist recht harmlos, aber man kann sich sehr schlecht fühlen. Krebs wird dadurch in der Regel nicht ausgelöst.

Das Virus von Hepatitis B ist mit einem Durchmesser von 42 Nanometern ein bißchen größer. Hepatitis B wird meist durch direkten Blutkontakt übertragen, so durch gemeinsame Benutzung von Injektionsnadeln oder gelegentlich durch Geschlechtsverkehr. Hepatitis B ist eine ziemlich unangenehme Krankheit, und ein Prozent aller Fälle mündet in tödlichen Leberkrebs.

Wer in den siebziger Jahren an Hepatitis erkrankte, bekam eine Blutprobe abgenommen, und meist wurde entweder Hepatitis A oder Hepatitis B diagnostiziert. Es gab aber Fälle, wo jemand ganz eindeutig Hepatitis hatte, aber weder vom Typ A noch vom Typ B. Dann sprach man von einer »non-A, non-B«-Hepatitis.

Es stellte sich heraus, daß hinter dieser bequemen Umschreibung ein richtiges kleines Alphabet verschiedener Viren steckte, die alle Hepatitis verursachen.

1977 entdeckte der italienische Arzt Mario Rizetto das nächste Hepatitis-Virus. Man nennt es »Hepatitis-Delta-Virus« oder Hepatitis D. Es ist zu seiner Replikation auf die Hilfe von Hepatitis B angewiesen. Das Hepatitis-D-Virus hat einen Durchmesser von 36 Nanometern und ist ein kreisförmiges, einsträngiges RNA-Virus mit negativer Polarität. Es hat weltweit Epidemien hervorgerufen, doch am häufigsten tritt es um das Mittelmeer, in Nordafrika und im Mittleren Osten auf.

Die Ansteckung mit einem Hepatitis-Virus erfolgt im wesentlichen auf zwei Wegen, entweder über den Mund (wie bei Hepatitis A) oder nicht über den Mund (wie bei Hepatitis B).

Hepatitis-B-Impfstoff gegen Krebs Der Impfstoff gegen Hepatitis B ist einer der ersten Impfstoffe gegen Krebs auf dem Markt. Von allen Personen, die sich mit Hepatitis B angesteckt haben, bekommen ein Prozent einen Leberkrebs, an dem sie sterben werden. Wenn sie den Impfstoff nehmen, schützen sie sich sowohl gegen Hepatitis B als auch gegen Krebs.

Ich nahm 1984 als Medizinstudent die erste Generation des Hepatitis-B-Impfstoffs, von dem es hieß, er sei aus dem Blut von New Yorker Schwulen mit Aids gewonnen. Wir alle hielten das Risiko, uns durch den Impfstoff etwas zuzuziehen, für geringer als das Risiko, uns im Krankenhaus mit Hepatitis B anzustecken, und so nahmen wir alle den Impfstoff.

Bald darauf wurde der Impfstoff mit gentechnischen Verfahren von einem Keim in einem Behälter aus rostfreiem Stahl hergestellt. Die heutigen Impfstoffe sind also ganz sicher unbedenklich.

Meines Erachtens sollte allen australischen Kindern empfohlen werden, sich gegen Hepatitis B impfen zu lassen.

Hepatitis E bekommt man wie Hepatitis A über den Mund. Das Virus ist mit einem Durchmesser von 31 Nanometern ziemlich klein. Es hat in Indien, Afrika, Asien und Mittelamerika Hepatitis-Epidemien ausgelöst.

Hepatitis G – ein zufälliger Mitreisender Hepatitis G scheint ein ziemlich harmloses Virus zu sein. Es kann durch Bluttransfusion übertragen werden, verursacht aber anscheinend nur kurzfristige Beschwerden und scheint langfristig folgenlos zu sein.
Meist findet man Hepatitis G bei Leuten, die andere Hepatitis-Viren haben – selten kommt es allein vor. Hepatitis G scheint also ein zufälliger und ziemlich harmloser Mitreisender zu sein.
Trotzdem sollte man sich davor in acht nehmen, bis wir mehr darüber wissen.

Hepatitis F wird wie Hepatitis A und E über den Mund übertragen. Wissenschaftler glauben kleine Viruspartikel mit einem Durchmesser von 27 bis 37 Nanometern gefunden zu haben; eine unabhängige Bestätigung steht aber noch aus.

Als nächstes betraten zwei weitere Hepatitis-Viren die Szene: GB-Virus A und GB-Virus B. Benannt sind sie nach einem Chicagoer Chirurgen, der nur mit seinen Initialen GB bekannt ist. Er war vor dreißig Jahren an einer Hepatitis erkrankt, und sein Blut war die ganze Zeit aufbewahrt worden. Diese Viren wurden 1996 entdeckt.

Im Januar 1996 gab Genelab Technologies bekannt, ein weiteres Hepatitis-Virus entdeckt zu haben, das sie Hepatitis G nannten.

Und nun kommen wir zu Hepatitis C. Das Virus ist mit einem Durchmesser von fast 80 Nanometern recht groß, und es bietet Anlaß zu großer Sorge. Nach Hepatitis B ist es die Hauptursache einer nicht über den Mund übertragenen Hepatitis.

Am Ende des 20. Jahrhunderts wissen wir, daß es viele Fälle einer schweren Hepatitis gibt, die nicht von den Hepatitis-Viren A, B, C, D, E, F oder G verursacht sind; wir werden mit dem Hepatitis-Alphabet also wohl noch ein Stückchen weiterkommen.

Hepatitis C

Hepatitis C ist eine stark unterschätzte und immer noch kaum verstandene Erkrankung. An ihr leiden weltweit rund 500 Millionen Menschen, also fast zehn Prozent der Bevölkerung der Erde. In Australien litten 1997 250 000 Menschen an Hepatitis C, und alljährlich wurden rund 6000 Menschen neu damit infiziert.

Hepatitis C wurde 1988 entdeckt. Die erste Blutprobe, in der man Hepatitis C fand, wurde im Januar 1990 bekannt, und bis Februar 1990 wurden sämtliche Blutspenden für australische Blutbanken untersucht. Bis dahin enthielten Bluttransfusionen und Blutprodukte ein gewisses Risiko, und rund 20 Prozent aller Australier mit Hepatitis C haben sich auf diesem Wege angesteckt.

Die meisten Australier mit Hepatitis C haben sie durch irgendeinen Blutkontakt mit infiziertem Blut bekommen. Die überwiegende Mehrheit steckte sich durch gemeinsame Benutzung einer infizierten Injektionsnadel an, also durch Injektion von Drogen wie Heroin, Morphium und Steroiden. In einigen Fällen war eine Tätowierung oder ein Bodypiercing ohne Sterilisierung verantwortlich. Andere steckten sich durch gemeinsame Benutzung eines Strohhalms zur Aufnahme von Kokain an. Auch medizinisches Personal hat sich durch Verletzungen an einer Injektionsnadel mit Hepatitis C infiziert.

Hepatitis C und chinesische Kräuter Chinesische Heilkräuter könnten tatsächlich den Verlauf der Hepatitis C verzögern und das Ausmaß der Leberentzündung verringern. Professor Robert Bailey von der Gastroenterologie am John Hunter Hospital in Newcastle untersuchte 43 Patienten mit Hepatitis C. Von den Patienten erhielten 19 ein Placebo (ohne Wirkung) und 24 ein chinesisches Kräuterpräparat.

Einer der Indikatoren eines Leberschadens ist eine Substanz namens ALT – je höher die Konzentration im Blut, desto größer der Leberschaden. Bei den Patienten mit den chinesischen Kräutern ging der ALT-Spiegel innerhalb von sechs Monaten erheblich zurück, während sich bei den Placebo-

Patienten nichts änderte. Die einzigen Nebenwirkungen der chinesischen Kräuter waren Blähungen und Durchfall.
So interessant die Untersuchung auch ist, muß bedacht werden, daß die Zahl der Patienten doch sehr gering war. Man sollte den Versuch daher mit einer größeren Zahl von Patienten wiederholen.

Durch Zusammenleben mit anderen oder Geschlechtsverkehr bekommt man nur in sehr seltenen Fällen Hepatitis C. Wenn es doch passiert, dann gewöhnlich durch direkten Blutkontakt, seltener durch die gemeinsame Benutzung einer Rasierklinge oder einer Zahnbürste.

Hepatitis C wirkt sich beim einzelnen ganz verschieden aus. Schauen wir einmal, was in hundert Fällen passiert.

Fünfzehn bis zwanzig Betroffene werden das Virus im ersten Monat wieder los, haben nie wieder damit zu tun, und der Leberfunktionstest ist normal.

Rund sechzig Leute bekommen eine chronische Infektion, darunter manche, ohne zu erkranken und ohne ernste Symptome. Bei anderen wird die Leber schwach geschädigt, und es treten milde Symptome auf. Wieder andere bekommen schwere Leberschäden mit schweren Symptomen, darunter Müdigkeit, Übelkeit und Bauchschmerzen.

Eine weitere Gruppe von 20 bis 25 Leuten kommt nicht so leicht davon. Bei ihnen wird die chronische Infektion nach rund 20 Jahren einen ernsten Leberschaden verursachen. Von dieser Gruppe werden sich zehn bis 15 stabilisieren. Den restlichen zehn wird es sehr schlecht gehen. Nach weiteren fünf bis zehn Jahren wird bei ihnen Leberversagen oder Leberkrebs auftreten.

Die Mehrheit aller von Hepatitis C Befallenen wird jedoch eine normale Lebensspanne haben.

In Australien werden alljährlich 1,4 Millionen Personen auf Hepatitis C untersucht. Nichts, was Menschen machen, ist vollkommen, und das gilt auch für Blutuntersuchungen. So kommt es vor, daß bei völlig Gesunden fälschlich Hepatitis C diagnostiziert wird, während andere, die an Hepatitis C erkrankt sind, fälschlich für gesund erklärt werden.

Für die Diagnose von Hepatitis C gibt es verschiedene Verfahren. Vom gängigen Enzym-Immun-Assay (EIA) gibt es mittlerweile vier Generationen. Jede neue Generation ist ein bißchen empfindlicher und genauer als die vorige.

Wenn Sie sich mit Hepatitis C angesteckt haben, können Sie versuchen, Alkohol und andere Dinge zu meiden, bei denen die Leber stark beansprucht wird. Manchen hilft ein Medikament namens Ribavirin, anderen Interferon α 2b. Es gibt mindestens sechs verschiedene Versionen von Hepatitis C, und bei einigen schlagen diese Medikamente besser an als bei anderen.

In Australien litten, wie schon erwähnt, im Jahre 1997 250 000 Menschen an Hepatitis C, also einer von 72, und jährlich kamen 6000 neue Fälle hinzu. Was die HIV-Infektion angeht, gab es Ende 1996 20 300 Infizierte, also einer unter 890, und jährlich 890 neue Fälle. Zwar ist Hepatitis C weniger unangenehm und weniger bösartig als Aids, aber es sind mehr Menschen davon betroffen, und dementsprechend werden die Kosten für die Gemeinschaft am Ende höher sein. Bei der Aids-Aufklärung hat Australien Hervorragendes geleistet. Doch während für Aids jährlich 110 Millionen Australische Dollar aufgewendet werden, hat man für Hepatitis C gerade mal 1,9 Millionen Dollar übrig.

Es ist an der Zeit, ernsthaft über Hepatitis C nachzudenken.

Tödliche Telefone und andere medizinische Verrücktheiten

Die Geschichte der Medizin ist lang und ehrenhaft. Die Ärzte tragen eine große Verantworung, genießen aber auch große Privilegien. Ihnen werden bei ihrer normalen Arbeit alle möglichen privaten Informationen bekannt.

Tödliche Telefone

Die Technik ist in unserer Gesellschaft in einem sehr raschen Wandel begriffen, und dabei treten auch alle möglichen neuen Krankheiten auf. Jetzt macht man etwas so Unschuldiges wie das Telefon für gewisse Krankheiten verantwortlich.

Da ist beispielsweise der Fall einer 36jährigen Frau, die während des Bügelns 32 Minuten lang telefonierte. Dabei hatte sie die rechte Schulter gehoben und den Kopf stark nach rechts geneigt, so daß sie den Hörer zwischen der Schulter und ihrem rechten Ohr festklemmen konnte. Nach dem Gespräch spürte sie plötzlich einen scharfen Schmerz auf der rechten Halsseite, dem sich alsbald ein lautes Klingeln im rechten Ohr zugesellte.

Im Krankenhaus stellte man fest, daß ihre rechte Halsschlagader völlig blockiert war, eine der Arterien, die das Gehirn mit Blut versorgen. Nun kann man eine Arterie ungefähr mit einem Wasserschlauch vergleichen: Sie hat eine ziemlich dicke Wand, die einen hohlen Innenraum umschließt, den man Lumen nennt und durch den das Blut fließt. Irgendwie war in der Wand der Arterie ein Riß entstanden, und aus dem Lumen strömte Blut in die Wand, die dadurch dermaßen anschwoll, daß das Lumen völlig versperrt und der Blutstrom unterbrochen wurde. Um das Maß des Unglücks vollzumachen, bildete sich auch noch ein Blutgerinnsel.

Man gab der Frau gleich ein Mittel zur Auflösung des Gerinnsels, das sie drei Monate lang einnehmen mußte. Der Schmerz im Hals verschwand nach rund 20 Stunden, aber das Klingeln im Ohr hielt 48 Stunden an. Nach einigen Monaten hatte sich das Gerinnsel, das ihre Arterie verstopfte, aufgelöst, und das Blut strömte wie gewohnt zum Gehirn.

Ein Vorteil eines schnurlosen Telefons ist, daß man auch während eines langen Gesprächs notwendige Dinge im Haus verrichten kann. Untersuchungen zeigen jedoch, daß junge Leute nicht selten Schlaganfälle erleiden, denen genau die eben beschriebene Blockade der inneren Halsschlagader zugrunde liegt. Vielleicht sollte man sich für lange Telefonate besser mit einem Kopfhörer versehen, wie ihn Telefonistinnen tragen.

Auch Handys können gesundheitsschädlich sein und beispielsweise ein Trauma bei einem Autounfall verursachen.

Eigentlich braucht man fürs Autofahren seine ganze Aufmerksamkeit, aber viele würden währenddessen gern telefonieren. Handys waren 1995 in Nordamerika dermaßen gefragt, daß die Zahl der Neuanmeldungen höher war als die Geburtenrate. Die Benutzung von Handys während des Autofahrens ist in einzelnen Ländern wie Brasilien, der Schweiz und Israel sowie in einigen Bundesstaaten Australiens gesetzlich geregelt.

In Nordamerika sind Autounfälle eine der wichtigsten Todesursachen. Unter Kindern und jungen Erwachsenen sind sie sogar die Todesursache Nr. 1. Alljährlich werden zwei Prozent der Bevölkerung von Nordamerika in Autounfälle verwickelt, und von den Betroffenen sind 25 Prozent vorübergehend arbeitsunfähig, zehn Prozent landen im Krankenhaus, und ein Prozent kommt ums Leben. Alles, was zur Häufung von Autounfällen beiträgt, muß vermieden werden.

Tödliches Telefon und tödlicher Alkohol Das *New England Journal of Medicine* berichtet von einer Untersuchung, derzufolge ein Mobiltelefon den Autofahrer ebenso gefährlich machen kann wie große Mengen Alkohol. Früher hat man sich über betrunkene Fahrer lustiggemacht, und es verstrichen viele Jahre, bis man ihn als einen potentiellen Mörder betrachtete. Wie lange werden wir noch zulassen, daß Autofahrer ihr Handy benutzen?
Wenn in zehn Prozent aller amerikanischen Autos ein Handy mitfährt, kostet das die Gesellschaft jedes Jahr zusätzlich rund drei Milliarden Dollar.

In einer Untersuchung über telefonierende Autofahrer wollte man wissen, wie heftig sie das Lenkrad bewegen. Es zeigte sich, daß sie das Lenkrad beim Telefonieren mehr als doppelt so stark verrissen. Sie lenkten also nicht so genau und schlingerten die Straße entlang.

Das *New England Journal of Medicine* berichtete von einer Untersuchung an 700 Autofahrern, die ein Handy besaßen und in Unfälle verwickelt waren. Es kam heraus, daß durch das Telefonieren beim Autofahren das Unfallrisiko auf das *Vierfache* stieg.

Erstaunlich ist jedoch, daß man bei der Untersuchung zwischen einer Freisprechanlage und einem gewöhnlichen Handy keinen Unterschied erkennen konnte. Wegen der kleinen Stichprobe ließ sich nicht feststellen, ob zwischen diesen beiden Versionen des Telefonierens im Auto ein relevanter Unterschied in der Unfallhäufigkeit besteht. Die Untersuchung sollte wirklich mit mehr Teilnehmern fortgesetzt werden. Es könnte durchaus sein, daß schon das Sprechen mit einem nicht sichtbaren Gesprächsteilnehmer die Aufmerksamkeit so verringert, daß die Wahrscheinlichkeit eines Unfalls steigt.

Am besten schalten Sie im Auto Ihr Handy aus, lassen die Hände am Lenkrad und widmen Ihre Aufmerksamkeit ganz dem Fahren.

In der Badewanne las ich kürzlich einige interessante medizinische Abhandlungen über die Gedärme und den Tod. Eine trug den Titel »Letale Kolonexplosion während koloskopischer Polypektomie«.

»Letal« bedeutet, daß der Patient starb. Mit »Kolon« ist gemeint, daß die Explosion sich im Dickdarm des Patienten ereignete. »Koloskopisch« bedeutet, daß die Ärzte zur Suche nach Anomalien im Grimmdarm ein Koloskop benutzten, ein Untersuchungsgerät, das in den Dickdarm eingeführt wird.

Das Koloskop ist ein biegsames Rohr von wenigen Zentimetern Durchmesser, das etwa einen Meter lang ist. Es umfaßt eine Lichtquelle, Sichtlinsen mit verstellbarer Vergrößerung und kleine Drahtschlaufen, die durch Fleisch schneiden und es dabei versiegeln.

»Polypektomie« bedeutet, daß Polypen entfernt werden. Polypen sehen aus wie ein Punchingball und sind abnorme Auswüchse der Darmwand auf einem dünnen Stiel; die Größe variiert zwischen einem Millimeter und einigen Zentimetern. Die Ärzte beseitigen sie gern, weil auf ihnen ein Krebs entstehen kann, aber nicht muß.

»Letale Kolonexplosion während koloskopischer Polypektomie« bedeutet also, daß die Ärzte den Dickdarm eines Patienten untersuchten und die potentiell krebsbefallenen Polypen, die sie fanden, entfernten und daß es dabei zu einer Explosion kam, an der der Patient starb.

Wie konnte das geschehen?

Nun, die Ärzte mußten die Innenwand des Dickdarms genau untersuchen. Dazu reinigten sie ihn, um ihn anschließend mit Luft vollzupumpen, damit er keine Falten warf, in denen sich ein Polyp verstecken konnte.

Zur Reinigung des Dickdarms benutzte man 1979 eine Substanz namens Mannitol. Sie entzieht dem Blut Wasser, das sich im Darm sammelt und zusammen mit dem Darminhalt am hinteren Ausgang abgeführt wird. Bei manchen Leuten sitzen im Dickdarm Bakterien, die das Mannitol abbauen und in Wasserstoff umwandeln. Wasserstoff hat in Konzentrationen zwischen 4 und 74 Prozent die Eigenschaft, bei Kontakt mit der Raumluft zu explodieren.

Bei diesem Patienten hatten die Ärzte einen Polypen entdeckt und die Drahtschlaufe um diesen gelegt. Hier der Bericht:

»Es wurde ein koagulierender Strom eingeleitet ... Nach acht bis zehn Sekunden des Stromflusses kam es zu einer Explosion, die im Endoskopieraum vernehmbar war, der Patient machte einen Satz vom Endoskopietisch, und das Koloskop wurde komplett ausgestoßen.«

Offenbar hatte bei diesem unglücklichen Patienten ein Funke von dem Schneidedraht das Wasserstoffgas entzündet. Der Patient verfiel sofort in einen Schockzustand, und trotz massiver Bluttransfusionen von 45 Blutbeuteln starb er kurz darauf. Die Autopsie ergab, daß der Patient im Bauchraum an Dutzenden von Stellen innere Blutungen erlitten hatte.

Wegen dieses Vorfalls im Jahre 1979 wird Mannitol heute nicht mehr zur Darmreinigung verwendet. Die französische Gesellschaft für Endoskopie empfiehlt offiziell, bei diesem Eingriff den Dickdarm mit einem Edelgas (wie Kohlendioxid) aufzublähen, damit es zu solchen Explosionen nicht mehr kommen kann.

Kaffee-Einläufe

Eine andere interessante Abhandlung trug den Titel »Tod im Zusammenhang mit Kaffee-Einläufen«. Es ist allgemein bekannt, daß die britische Royal Family gern Tee trinkt; nicht so bekannt ist, daß gewisse Mitglieder der britischen Royal Family glauben, es sei ungeheuer gut für die Gesundheit, sich durch den hinteren Ausgang gut einen Liter Kaffee einlaufen zu lassen – und natürlich wieder hinaus. Es ist aber durch Kaffee-Einläufe schon zu Todesfällen gekommen.

Eine 46jährige Frau litt an einer Erkrankung der Gallenblase. Eine konventionelle Behandlung lehnte sie ab. Statt dessen bat sie ihren Heilpraktiker, ihr Kaffee-Einläufe zu machen, und zwar drei- bis viermal pro Stunde! Der Schmerz ließ nach, und sie behauptete, mit dem Stuhlgang mehrere Gallensteine ausgeschieden zu haben. Dennoch ließ sie sich weiterhin Kaffee-Einläufe machen, einen pro Stunde.

Heute keine Explosionen Wenn Patienten heute auf eine Koloskopie vorbereitet werden, erhalten sie eine ballaststoffreiche Kost, ein orales Abführmittel und einen Einlauf. Dadurch wird die Konzentration der explosiven Methan- und Wasserstoffgase auf ein Zwanzigstel der Menge verringert, die für eine Explosion erforderlich ist.

Plötzlich bekam sie einen anfallartigen Krampf, dem zwei weitere folgten. Am nächsten Morgen hatte sie einen vierten Anfall, und unmittelbar danach blieben Herz und Lunge stehen. Die Ärzte konnten Herz und Lunge wieder in Gang bringen, doch sie blieb in einem Koma und starb zwölf Tage später.

Im zweiten Fall ging es um eine 37jährige Frau mit Brustkrebs, die sich ihre rechte Brust hatte abnehmen lassen. Während der Operation stellten die Chirurgen fest, daß der Krebs auf zahlreiche Lymphknoten im ganzen Körper übergegriffen hatte. Zitieren wir den Bericht: »Eine Chemotherapie nach der Operation lehnte sie ab. Ein halbes Jahr später bemerkte sie, daß an der rechten Halsseite [und um die Brust herum] Knötchen anschwollen.« Sie begann mit einer Immuntherapie, auf die sie aber nicht gut ansprach. Zwei Monate später begann sie mit der Chemotherapie. Nochmals zwei Monate später empfahlen die Ärzte ihr Strahlentherapie, was sie jedoch ablehnte. Auch hatte sie die Chemotherapie abgebrochen.

Einen Monat später suchte sie eine Klinik auf, wo sie eine spezielle Diät erhielt. Zur Behandlung gehörten auch Kaffee-

Einläufe viermal täglich, jeweils 0,95 Liter Kaffee pro Einlauf. Nach etwa sechswöchiger Behandlung setzte ein Benommenheitsgefühl ein, und sie hatte Schmerzen im Brust- und Bauchraum. Kurz darauf starb sie. Aus der Autopsie ergab sich, daß vermutlich nicht der Krebs für ihren Tod verantwortlich war.

In beiden Fällen ergab die Autopsie als wahrscheinlichste Todesursache einen massiven Kaliummangel. Auf die Kaliummenge im Blutstrom reagiert der Körper sehr empfindlich. Der Kaffee-Einlauf hatte eine starke osmotische (saugende) Wirkung, entzog dem Blut der Frauen Kalium, führte es in den Darm ab und von dort hinaus.

Unter dem Strich wird man wohl sagen dürfen, daß allzuviel Kaffee Ihnen nicht guttut, egal, wie Sie ihn zu sich nehmen.

Fans fallen in Ohnmacht

Eine andere moderne Krankheit beschreibt das *New England Journal of Medicine* unter dem Titel »Massenohnmacht bei Rockkonzerten«. In diesem Fall befragten die Mediziner 40 der 400 Personen, die bei einem Konzert der New Kids On The Block in Deutschland in Ohnmacht gefallen waren. Es waren alles Mädchen, und sie waren alle zwischen elf und 17 Jahre alt. Medizinisch lagen hier zwei völlig verschiedene Leiden vor.

Etwa 40 Prozent der jungen Frauen fielen tatsächlich in Ohnmacht. Sie gaben alle an, daß sie in der Nacht zuvor vor Aufregung nicht hätten schlafen können, und am Tag des Konzerts waren sie so aufgeregt, daß sie nichts essen konnten. Auch hatten sie lange in der Arena gestanden. Unmittelbar bevor sie umfielen, waren sie entweder von der Menge eingezwängt worden oder hatten richtig laut gekreischt. Eingezwängt werden und Kreischen erhöht den Druck in der Brusthöhle. Steigt der Druck in der Brust, sinkt die zum Herzen fließende Blutmenge und ebenso die Blutmenge, die das Herz verläßt. Sinkt der Blutdruck für einige Sekunden unter einen bestimmten

Wert, bekommt das Gehirn nicht genug Blut, und man fällt in Ohnmacht.

Bei 60 Prozent der jungen Frauen lag dagegen ein anderes Syndrom vor. Die Mediziner sprechen in diesem Fall von Hyperventilation. Die Frauen waren zwar zu Boden gesunken, hatten aber nicht das Bewußtsein verloren. Bei der Hyperventilation verengt sich ein Teil der Blutgefäße im Gehirn, und auch hier geht, wenn nicht genug Blut da ist, ein Teil des Gehirns vorübergehend in den Schlafmodus über.

Die Doktoren Thomas Lempert und Martin Bauer haben in ihrer Abhandlung die »multifaktorielle Pathophysiologie der Rockkonzert-Synkope« sehr gut erklärt – das sind, in Medizinersprache, die vielfältigen Ursachen, aus denen Leute bei Rockkonzerten ohnmächtig werden. Sie gaben auch einige sehr gute Anregungen: Wer zu einem Rockkonzert geht, sollte »schlafen, essen, sitzen, ruhig bleiben und sich von der Menge fernhalten«. Aber was bringt es denn einem Teenager, zu einem Rockkonzert zu gehen und dann lauter so langweilige Sachen zu machen?

Heilendes Loch im Kopf

Chirurgie gibt es seit Jahrtausenden. Man hat sie einmal als »friedliche Nutzung von Wunden« bezeichnet. Die erste Operation wurde, soweit wir wissen, vor rund 12 000 Jahren durchgeführt, und es war eine Trepanation, die Öffnung eines Schädels. In vielen Gesellschaften rund um die Welt ist diese Operation praktiziert worden, und das Verblüffende ist, daß die Erfolgsrate im 19. Jahrhundert in Neuguinea weit höher war als in den Operationssälen Europas.

Man hat die Trepanation im alten Peru betrieben, im prähistorischen Sardinien, in den Gebirgen Algeriens und in vielen Gegenden des Pazifiks, darunter Neuguinea und die Fidschi-Inseln.

Die Tolai-Medizinmänner in der Nähe von Rabaul auf Neubritannien hatten um 1870 eine Erfolgsrate von 70 Prozent, während die Patienten des Guy's Hospital in London nur eine Chance von 25 Prozent hatten, die Operation zu überleben.

Man nahm eine Trepanation, eine Schädelöffnung, hauptsächlich vor, um eine im Kampf erlittene Verletzung zu heilen. Auf den Fidschi-Inseln war der Schleuderstein – ein harter, geglätteter Stein von der Größe eines Hühnereis – eine fürchterliche Waffe. Ein Krieger, der mit der Schleuder umzugehen wußte, konnte den Kopf eines anderen aus 300 Metern Entfernung treffen. Manchmal war die Wucht des Aufpralls so groß, daß der Kopf des Getroffenen auseinanderflog. Doch meist verursachte der Schleuderstein nur eine Verletzung des Schädels und innere Blutungen.

Wenn der Patient gerettet werden sollte, mußte sofort operiert werden. Zunächst wusch sich der Chirurg die Hände in der Milch einer unreifen Kokosnuß. Das war schon mal ein sehr guter Anfang. Diese Milch ist nicht nur steril (ohne Keime), sie kommt auch der chemischen Zusammensetzung unserer Körperflüssigkeiten sehr nahe.

Meist war der Patient durch die Verletzung noch ohne Bewußtsein, so daß es keine Beschwerden gab, wenn der Chirurg um die Verletzung herum einen dreieckigen Schnitt machte. Auf Neubritannien benutzten die Medizinmänner angespitzten Bambus, Haizähne oder auch scharfe Muschelschalen als Messer. Ein Helfer zog an den Haaren des Patienten, um sie vom Operationsbereich fernzuhalten. Zwei Frauen mußten Kokosmilch herbeischaffen; eine mußte fortlaufend Kokosnüsse öffnen, die andere die Milch langsam und stetig über die Wunde des Patienten und die Hände des Chirurgen träufeln.

Hatte der Chirurg das durch die Verletzung verursachte Loch im Schädel freigelegt, erweiterte er es zu einem Oval. Durch ein hohles Rohr wurde Luft in die Wunde geblasen, um eventuelle Knochensplitter freizulegen. Diese wurden dann mit einer Pinzette aus Bambus herausgeholt. Beschädigtes Hirngewebe wurde herausgenommen.

Das Loch wurde anschließend mit einem Stück Rinde verschlossen und die Haut darübergelegt und mit Fäden aus Bananenfasern zusammengenäht, mit Hilfe von Nadeln aus den Federknochen eines Flughundes. Abschließend bedeckte man die Wunde mit Bananenblättern und einer Mischung aus zerkauter Betelnuß und Bananenblüte.

Drei Tage nach der Operation wurde dieser Verband abgenommen. War die Wunde sauber, war alles gut. Wenn sie infiziert war, ließ man den Eiter ab und reinigte sie.

Weshalb war aber die Überlebensrate bei dieser Operation in Europa so niedrig? Erstens hatten sich wegen der Übervölkerung in Europa häßliche Bakterien entwickelt, die es in den »primitiven« Teilen der Erde noch nicht gab. Zweitens war die sterile Kokosmilch sauberer als alles, was damals in Europa benutzt wurde, und daher war die Wunde sauberer.

Kokosmilch hat ungefähr denselben Kalium- und Natriumgehalt wie unsere Körperflüssigkeiten. Man verwendet sie noch heute, um dehydrierte Kinder, die an Durchfall leiden, wiederzubeleben. Im Vietnamkrieg wurde vielen verwundeten Soldaten durch Kokosmilch das Leben gerettet; wenn die Ärzte keine Blutkonserven mehr hatten, bekamen die Verwundeten die Kokosmilch direkt in die Adern gespritzt.

Bioinformatik und Unsterblichkeit

Dies ist wahrscheinlich die erste Wissenschaftsgeschichte von mir, die sehr viel Zukunftsvorhersagen und Spekulationen enthält. Meist halte ich mich an die Fakten, die erstaunlich, aber wahr sind, und gestatte mir höchstens am Ende eine ganz kleine Spekulation. Aber hier haben wir es mit einem so großen Thema zu tun, der möglichen Unsterblichkeit, daß ich mich in die Öffentlichkeit flüchte. Ich könnte falsch liegen, aber ich glaube es nicht.

Bioinformatik, eine wissenschaftliche Revolution

Ganz sachte steuern wir auf eine neue wissenschaftliche Revolution zu. Diese Revolution wird uns erlauben, für Leute, die durch einen Unfall einen Arm verloren haben, Arme zu züchten, unserer Haut wieder jugendliche Frische zu geben und die Osteoporose zu vergessen. Dank dieser neuen Technik könnten einige von uns zur ersten Generation gehören, die ewig lebt, oder zur letzten Generation, die stirbt.

So richtig wird diese Revolution erst in den nächsten Jahren in Gang kommen, aber die einschlägige Industrie beschäftigt bereits Leute, die sechsstellige Gehälter beziehen.

Dieser neue Wissenschaftsbereich hat viele Namen. Zum Beispiel Genomik, Human-Genom-Projekt, Gentechnik und Bioinformatik. Das wirklich Wichtige an diesem Forschungsbereich, egal, wie wir ihn nennen, ist aber, daß *es zum ersten Mal in der Menschheitsgeschichte möglich ist, unsere menschliche DNA zu verändern.*

Was ist die DNA? D steht für Desoxyribose. Desoxyribose ist ein Zucker. Drei Milliarden Desoxyribosen bilden einen der Seitenholme der Leiter des DNA-Moleküls und noch einmal drei Milliarden den anderen Holm.
Das NA in DNA steht für Nukleinsäure. Es gibt nur vier Nukleinsäuren: Adenin, Cytosin, Thymin und Guanin. Meist benutzt man die Abkürzungen A, C, T und G. (Es gibt noch eine Nukleinsäure namens Uracil, aber die spielt hier keine Rolle.)
Verbinden werden sich immer nur A und T (so ergeben sich AT- und TA-Sprossen) sowie C und G (zu CG- und GC-Sprossen). Üblicherweise benennt man die Sprossen nach dem ersten Buchstaben. In der Leiter des Lebens gibt es also nur vier Arten von Sprossen: A, C, G oder T.
Drei Physiker, James D. Watson, Francis Crick und Maurice Wilkins, erhielten 1962 den Nobelpreis für die großartige Entdeckung, daß eine Gruppe von drei Sprossen sämtliche Informationen enthält, welche der Rest des biologischen Apparats in der Zelle benötigt, um eine Aminosäure herzustellen. (Daß Wilkins' Kollegin Rosalind Franklin nicht ebenfalls den Nobelpreis erhielt, halten einige Wissenschaftler für ungerecht.)
Die Sprossengruppe AAA stellt also eine Aminosäure her, die Gruppe AAC eine andere. (Es gibt 64 mögliche verschiedene Sprossen, aber nur 20 verschiedene Aminosäuren, welche die DNA herstellt. Es kommt daher vor, daß drei oder vier verschiedene Sprossen ein und dieselbe Aminosäure herstellen.) Wenn Aminosäuren sich verbinden, entstehen Proteine.

Die menschliche Zelle ist von einer Membran umgeben und hat einen Durchmesser von wenigen Mikron (Millionstel eines Meters). In der Zelle befinden sich alle möglichen biologischen Maschinen: Mitochondrien, die uns mit Energie versorgen, Zentriolen, welche die Zellteilung unterstützen, und andere Teile, die Proteine herstellen. Die Proteine sind das Entscheidende. Sie werden entweder innerhalb der Zelle genutzt oder exportiert und anderswo im Körper genutzt (zum Beispiel das

Schilddrüsenhormon, das Insulin und das Wachstumshormon). Und gelenkt wird das ganze Geschehen von der DNA, die mittendrin eingehüllt im Zellkern sitzt. Die DNA steuert die Herstellung der Proteine.

Die DNA ähnelt einer Leiter mit zwei seitlichen Holmen und einer Vielzahl von »Sprossen«, die man als »Codons«, »Basenpaare« oder »Buchstaben« bezeichnet. Es gibt rund drei Milliarden Sprossen (aber nur in vier Varianten). Auseinandergefaltet würde unsere menschliche DNA zwei bis fünf Meter lang sein. Aber sie ist aufgewickelt, damit sie in den Kern einer Zelle von nur wenigen Mikron paßt.

Die Bildung aller unterschiedlichen Zellen im Körper wird von der DNA gesteuert. Wird nur ein kleiner Teil der DNA aktiviert, entstehen beispielsweise Zellen, die sich hervorragend dazu eignen, Kohlendioxid abzustoßen und Sauerstoff aufzunehmen, nämlich Lungenzellen.

Wird ein anderer Teil der DNA aktiviert, entsteht eine Struktur, die sich selbst repariert und, wenn man nach dem Gewicht geht, stärker ist als Stahl: Knochen.

Orthopädische Chirurgen nennen Knochen »das beste aller Gewebe«, weil es so wunderbar heilt. Aber der Knochen hat noch eine erstaunliche Eigenschaft: Er bildet sich ständig neu. Innerhalb des Knochens befinden sich zwei Arten von Zellen, Osteoklasten und Osteoblasten, die unsere Knochen fortlaufend zerstören und aufbauen. Innerhalb von sieben bis acht Jahren verlassen sämtliche Kalziumatome in unseren Knochen den Körper über den Darm und werden ersetzt durch neue Kalziumatome, die mit der Nahrung über den Mund hereinkommen.

Vor allem muß man sich klarmachen, daß unsere Knochen »bei laufendem Betrieb« umgebaut werden, während wir sie nutzen. Nie müssen wir ins Krankenhaus, um all unsere 206 Knochen herausnehmen und durch neue ersetzen zu lassen.

Wenn es uns möglich sein wird, die DNA zu lesen, zu schreiben und nach Belieben zu aktivieren, können wir jeden Teil des Körpers, den wir brauchen, nachwachsen lassen. Wir werden dann bei laufendem Betrieb eine Niere oder ein Auge oder einen Knochen züchten können.

Manche sprechen von den Übeln der Gentechnik, da sie es angeblich ermöglicht, einen Klon von uns zu züchten, damit man ihn später wegen einer Ersatzniere »abernten« kann. (Bei manchen Körperteilen, etwa dem Herzen, käme das »Abernten« dem Tod des Klons gleich.) Es wäre absurd, sich auf diese Weise eine neue Niere zu beschaffen. Die Gegner der Gentechnik stellen sich das so vor, daß Ihre DNA anstelle der vorhandenen DNA in ein bereits befruchtetes Ei eingebracht wird, welches dann in eine Gebärmutter implantiert wird. Das Ei braucht dann neun Monate, um zu einem Baby zu werden, und nochmal 20 Jahre, um zu einem Erwachsenen zu werden; ihm wird dann die Niere entnommen, und er wird irgendwie »entsorgt«. Das ist Mord. Und es ist furchtbar dumm. Warum sollten Sie über 20 Jahre auf Ihre Ersatzniere warten? Sie könnten mittlerweile längst gestorben sein.

Sehr viel einfacher wäre es sicher, den Trick zu erlernen, den die Knochen benützen, und die erkrankte Niere bei laufendem Betrieb in eine gesunde Niere umzubauen. Das wäre eine Sache von wenigen Monaten.

Die Leber kennt ebenfalls diesen Trick, in einer anderen Version. In der griechischen Legende war Prometheus der Gott, der den Menschen das Feuer schenkte. Das erzürnte den Obergott Zeus so sehr, daß er Prometheus zur Strafe an einen Fels kettete, wo täglich ein Adler kam, um von seiner Leber zu fressen. In der Nacht wuchs seine Leber immer wieder nach. Wir wissen nicht, woher die Griechen das wußten, aber es ist eine Tatsache, daß, wenn ein Drittel der Leber entfernt wird (beispielsweise für eine Transplantation), die verbleibenden zwei Drittel neue Leberzellen bilden.

Der Bauplan des Lebens

Wenn wir die DNA manipulieren, greifen wir in den Bauplan des Lebens ein.

Auf der einfachsten Stufe stellt die DNA Proteine her. Diese Proteine können auch Enzyme sein. Enzyme beschleunigen chemische Reaktionen. Sie können ein Enzym ganz nach Wunsch dazu bringen, daß es Essensflecke aus Ihrem Pullover entfernt oder daß es chemische Reaktionen beschleunigt, aus denen Fleisch und Haut, Blut und Knochen, Gehirn und Leber und alles andere entsteht, was man für ein neues Baby braucht.

Schwarzer Pygmäe und weißer Europäer Wenn es nach der DNA geht, besteht zwischen einer schwarzen pygmäischen !Kung-Frau und einem hochgewachsenen blonden Skandinavier kaum ein Unterschied.

Da ist zunächst der Unterschied zwischen Mann und Frau. Soweit es die DNA betrifft, besteht der einzige Unterschied zwischen Männern und Frauen darin, daß Frauen ein X-Chromosom haben (bei dem vier Arme von einem Mittelpunkt ausstrahlen), während Männer ein Y-Chromosom haben (bei dem drei Arme von einem Mittelpunkt ausstrahlen). Frauen sind also das Luxusmodell mit allen Optionen, während Männer das billige Sparmodell sind, bei dem einige Optionen fehlen. Dennoch ist der Unterschied sehr klein.

Der farbliche Unterschied ist ebenfalls ein ganz untergeordneter Punkt. Die Hautfarbe hängt von der Menge des in der Haut vorhandenen Melanins ab. Dieses Melanin wird in Zellen produziert, die Melanozyten heißen. Alle Menschen haben pro Quadratzentimeter Haut ungefähr dieselbe Menge Melanozyten. Der Unterschied zwischen einer hellhäutigen und einer dunkelhäutigen Person beruht nur auf der *Aktivität* der Melanozyten. Bei dem hellhäutigen Skandinavier sind die Melanozyten überwiegend inaktiv, bei der dunkelhäutigen Afrikanerin sind sie überwiegend sehr aktiv.

Der dritte größere Unterschied betrifft die Körpergröße. Auch dies ist nur ein ganz untergeordneter Gesichtspunkt. Die Körpergröße hängt davon

ab, wieviel Wachstumshormon in verschiedenen Lebensphasen in den Körper gepumpt wird. Das Wachstumshormon kommt von der Hypophyse, der Hirnanhangsdrüse. Sowohl die Pygmäin als auch der große Skandinavier haben funktionierende Hirnanhangsdrüsen. Sie unterscheiden sich lediglich darin, daß die Hirnanhangsdrüse der Pygmäin aufgrund von Instruktionen der DNA in den entsprechenden Phasen sehr viel weniger Wachstumshormon hervorbringt.
Wenn wir von der Gentechnik bisher eines gelernt haben, dann dieses: Die Unterschiede zwischen uns sind sehr viel geringer als die Ähnlichkeiten.

Heute sind Sie ein Mensch aus rund zehn Billionen Zellen, aber als Sie gezeugt wurden, waren Sie nur eine einzige Zelle. In der Zwischenzeit wuchsen Ihnen zwei Arme, zwei Beine, zwei Augen, eine Leber und so weiter. Die Baupläne oder Instruktionen für alle Teile Ihres Körpers waren in der DNA der einen befruchteten Zelle enthalten. Diese Instruktionen sind noch immer in jeder Zelle Ihres Körpers vorhanden, ausgenommen die roten Blutkörperchen. (Das könnte daran liegen, daß die roten Blutkörperchen nur die Aufgabe haben, Sauerstoff abzuliefern, und dazu brauchen sie nicht viel Intelligenz.)

Wenn wir erst wissen, wie die DNA funktioniert, können wir einen Arm wachsen lassen.

Nehmen wir die uns nur allzu vertraute Szene, daß ein Autofahrer einen Arm verbotenerweise aus dem Fenster hängen läßt. Hin und wieder kommt es vor, daß der Arm von einem entgegenkommenden Fahrzeug gerammt wird. Bei einer schlimmen Beschädigung ist mit Mikrochirurgie nichts mehr zu machen, und der Fahrer wird für den Rest seines Lebens eine Armprothese tragen müssen. Doch vor langer Zeit, in der Gebärmutter, ist dem Fahrer einmal ein Arm gewachsen – und die Instruktionen dafür sind immer noch in seiner DNA vorhanden. Es wäre doch toll, wenn wir diese Instruktionen in der DNA finden und dazu bringen könnten, daß dem Fahrer wieder ein Arm wächst. Es würde wahrscheinlich kein ganzes Jahr dauern, bis der Arm voll ausgewachsen wäre. Wenn der Salamander ein neues Bein nachwachsen lassen kann, warum sollten wir das nicht auch können?

Daß es nicht unmöglich ist, neue Körperteile wachsen zu lassen, haben Wissenschaftler bereits gezeigt. Im Oktober 1995 zierte eine Fruchtfliege das Titelblatt von *Science*. Wissenschaftler, die sich mit der gemeinen Fruchtfliege befassen, fanden den DNA-Abschnitt, der das Wachstum der Augen steuert. Sie fanden heraus, wie man das Wachstum der Augen anschaltet. Die Fruchtfliege stand auf dem Titelblatt, weil sie 18 Augen hatte.

Laßt Luke einen Arm nachwachsen! Ich mag die *Star-Wars*-Trilogie sehr, aber eines haben sie falsch gemacht: Sie haben Luke Skywalker anstelle des abgehackten Arms einen elektromechanischen Arm gegeben. Die Technik, dort, wo der alte war, einen biologischen Ersatz wachsen zu lassen, sollte in maximal 20 Jahren verfügbar sein – das ist ein bißchen länger, als es brauchte, um zwölf Menschen auf die Mondoberfläche zu bringen.

Sie hatte Augen am ganzen Körper. Die durch menschlichen Eingriff gewachsenen Augen waren nicht so perfekt wie die von der unveränderten DNA der Fruchtfliege hervorgebrachten. Wir haben keinen Einfluß darauf, wie gut die »zusätzlichen« Augen sind, und auch nicht darauf, wo sie hinkommen – noch nicht. Eines dieser Augen landete sogar auf dem Knie der Fruchtfliege.

Es ist noch zu früh, und die Genforscher müssen noch eine Menge lernen, ehe es uns möglich sein wird, einen menschlichen Arm ebenso leicht und zuverlässig nachwachsen zu lassen, wie ein Salamander ein amputiertes Bein nachwachsen läßt. Wir würden den Arm dann gern dort wachsen lassen, wo der verlorene Arm war, und nicht hinten am Nacken oder am Knie oder sonstwo.

Kartierung

Die menschliche DNA umfaßt rund drei Milliarden Buchstaben in wirrem Durcheinander. Es gibt nur vier Arten von Buchstaben (A, C, G und T), aber von ihnen gibt es schrecklich viele. Wie können wir aus all dieser Information schlau werden?

Marshall McLuhan, der *Das Medium ist die Botschaft* schrieb, gab uns einen Tip: »Die Karte definiert das Territorium.« Dieser kurze Satz enthält nur fünf Wörter, aber in dieser speziellen Anordnung vermittelt er eine sehr packende Botschaft.

Schauen wir uns an, wie Dimitrij Mendelejew die chemischen Elemente zu einem Periodensystem ordnete.

Ihm stand um 1870 wie allen Chemikern der Welt eine Liste der bekannten Elemente zur Verfügung. Er ordnete sie in einer Tabelle mit 18 Spalten an. Dabei erkannte er, daß die Liste der Elemente drei Lücken aufwies. Daraufhin machte er 1871 zwei Vorhersagen. Erstens sagte er vorher, daß in der Tabelle der Elemente drei Elemente fehlten – nicht zwei, nicht vier, sondern drei Elemente. Er hatte recht. Zweitens sagte er vorher, daß die fehlenden Elemente ähnliche Eigenschaften haben würden wie die benachbarten. Auf der linken Seite der Tabelle des periodischen Systems würde etwa das fehlende Element zwischen Kalzium und Titan ähnliche Eigenschaften haben wie Kalzium und Titan (was zum Beispiel den Siedepunkt, den Schmelzpunkt und das Aussehen betraf). Auch hiermit hatte er für jedes der drei fehlenden Elemente recht.

Er hätte diese Vorhersage nicht machen können ohne die Karte. Die Karte vermittelte ihm also zusätzliches Wissen.

Einen Teil der DNA zu »kartieren« heißt zu wissen, daß ein bestimmter Abschnitt beispielsweise AACGTAGC lautet. Das Ziel des Human-Genom-Projekts ist es, die gesamte menschliche DNA zu kartieren. Vage Anfänge des Projekts reichen zurück bis in die siebziger Jahre, als Wissenschaftler erkannten, daß es bald möglich sein würde, jede Sprosse in der DNA genau zu kennen. Als mehrere Länder sich engagierten, kam das Projekt allmählich in Schwung. 1989 begann die Human Genome Organization (HUGO) mit der internationalen Koordination der Kartierung. Derzeitige Präsidentin von HUGO ist Professor Leena Peltonen aus Finnland.

Inzwischen ist die gesamte DNA kartiert, und schon jetzt tun sich für Bioinformatiker und Gentechniker großartige berufliche Chancen auf. Beim Human-Genom-Projekt geht es um eine der Großen Fragen aller Zeiten, und deshalb wird es für viele Leute für lange Zeit eine Menge Arbeit geben. Es wird Stellen geben für Physiker, Molekularbiologen, Biologen, Biochemiker und Angehörige von Dutzenden anderer Fächer, doch eine besonders große Zahl von Stellen wird im Computerbereich entstehen.

Würde man alle drei Milliarden Informationseinheiten (also die drei Milliarden Buchstaben, die entweder A, C, G oder T sein können) in ein Buch schreiben und täglich acht Stunden darin lesen, würden einige Jahrzehnte des Arbeitslebens vergehen, bis man mit dem Buch durch ist. Wenn jemand mit einem fehlenden Arm in die Unfallstation kommt, will er nicht eine sechsstündige Diskussion über Gentechnik, sondern eine Flasche von dem Retrovirus namens Lasse-neuen-Arm-wachsen-0, die er dann trinkt und die ihm einen Arm wachsen läßt. Ohne Mitwirkung der Computerwissenschaftler wird dieses Projekt einfach unmöglich sein.

Haut- und Knochenreparatur

Ich wage die Vorhersage, daß eines der ersten Produkte, die auf den Markt kommen werden, ein Retrovirus sein wird, das runzlige Haut repariert. Unsere Haut wird runzlig, weil die Produktion von Elastin und Kollagen in der Haut mit der Zeit nachläßt. Wenn Sie glauben, es sei ein triviales Unterfangen, sich um eine gute Haut zu bemühen, haben Sie wahrscheinlich noch nie versucht, Blut von einem Achtzigjährigen zu bekommen.

Babys haben eine wunderbare Haut, die so zart ist, daß man sie immerfort küssen möchte, Teenager haben eine recht gute Haut, und auch Leute von fünfzig oder sechzig haben noch eine annehmbare Haut. Aber wenn die Leute achtzig oder neunzig werden, ist die Haut oft papierdünn, und bei jeder Art von Berührung bekommt sie leicht blaue Flecken. Es wäre doch schön, wenn man zur nächsten Apotheke gehen und sich eine Flasche mit dem Retrovirus namens Lasse-neue-Haut-wachsen-0 kaufen könnte. Die würde dann die Produktion von Kollagen und Elastin in der Haut anschalten, und für den Rest des Lebens hätte man eine Haut wie ein Teenager. (Natürlich dürfte das Retrovirus die Produktion von Kollagen und Elastin *nur* in der Haut anschalten, denn man würde sich ja nicht wünschen, daß Kollagen im Augapfel, im Gehirn, in den Muskeln, im Pankreas oder sonstwo wächst.)

Ein anderes zu verbesserndes Körpersystem wären die Knochen. In den reicheren Gegenden der Welt werden alte Frauen vor allem in ein Lehrkrankenhaus aufgenommen, weil sie Osteoporose haben und sich bei einem Sturz den Hals des Oberschenkelknochens gebrochen haben. Wenn sie Glück haben, ist die Osteoporose so mild, daß der Hals sich wieder repariert und sie in die Gemeinschaft zurückkehren können. Wenn sie Pech haben, wird der Hals des Oberschenkelknochens sich nicht mehr reparieren, und sie könnten auf den Rollstuhl oder ein Pflegeheim angewiesen sein.

Fünf Stufen zur Gentechnik

Wenn ich es richtig sehe, weist die Wissenschaft namens Gentechnik fünf Stufen auf.

Die erste Stufe der Gentechnik besteht darin, *ein Lebewesen zu UNSEREM Vorteil zu modifizieren.* In der schlechten alten

Zeit mußten Diabetiker sich Insulin aus der Bauchspeicheldrüse von Schweinen spritzen. Heute können sie beim nächsten Apotheker echt menschliches Insulin kaufen. Dieses Insulin wurde nicht durch Auspressen von Menschen gewonnen, sondern von genetisch modifizierten Bakterien erzeugt, die in Bottichen leben und das Insulinhormon für unseren Gebrauch herstellen. Das haben wir inzwischen geschafft. (In der ferneren Zukunft würde sich der Diabetiker natürlich einfach eine neue Bauchspeicheldrüse wachsen lassen.)

Die zweite Stufe der Gentechnik besteht darin, *ein Lebewesen zu SEINEM Vorteil zu modifizieren.* Tabakpflanzen werden oft von Insekten befallen. Zufällig lebte viele tausend Kilometer von den Tabakpflanzen entfernt ein Pilz, der eine Substanz bildete, die diese Insekten töten würde. Die Gentechniker verschmolzen den Pilz und die Tabakpflanze und haben jetzt eine Pflanze, die ihr Insektizid selbst bildet. Das ist gut für die Tabakpflanze, denn jetzt wird sie nicht mehr von den Insekten befallen. Weil sie aber diese Substanz in sich hat, schmeckt sie schlecht, und sie raucht sich auch nicht sonderlich gut. Schlimmer ist, daß sie bei den Insekten eine Resistenz gegen das Insektizid fördert, weil die Tabakpflanzen diese Substanz permanent bilden. Wenn wir mehr Erfahrungen gewonnen haben, werden wir es vielleicht schaffen, daß das Tabak-Insektizid so ähnlich funktioniert wie unser Immunsystem, das sich nur einschaltet, wenn es angegriffen wird.

Die dritte Stufe der Gentechnik besteht darin, *Menschen zu modifizieren, um einige häßliche Krankheiten loszuwerden.* Es gibt eine seltene Kinderkrankheit namens schwerer kombinierter Immundefekt, englisch abgekürzt SCID. Die betroffenen Kinder haben praktisch kein Immunsystem und erleben unbehandelt nur selten ihren ersten Geburtstag. Es gibt fünf Formen dieser Krankheit, aber die meisten Kinder leiden an nur einer Form, die durch das Fehlen eines einzigen Enzyms (Adenosindesaminase) hervorgerufen wird. Unsere Wissenschaftler konnten genetisch ein Retrovirus herstellen, das sie auf diese

Kinder übertragen. Das Retrovirus schaltet dann die Produktion dieses fehlenden Enzyms bei einigen (aber nicht allen) der Kinder für eine begrenzte Zeit (aber nicht für den Rest ihres Lebens) in begrenztem Umfang ein (aber nicht so, daß sie ein völlig funktionierendes Immunsystem haben). Gern würden wir den Kindern ein Immunsystem geben, das so gut ist wie das aller anderen, und zwar durch Verabreichen einer einzigen Dosis des Retrovirus, die für den Rest ihres Lebens anhalten würde, aber noch sind wir nicht soweit.

Genetische Waffen Gentechnik kann zum Guten wie zum Bösen genutzt werden.
Angenommen, Sie stellen ein Virus her. Wenn Sie sich für ein Virus entscheiden, das ebenso schwer einzufangen ist wie HIV, werden nicht viele es einfangen. Wenn Sie sich aber für so etwas wie das Grippevirus entscheiden, könnte es mühelos durch Niesen übertragen werden und in wenigen Jahren über die ganze Erde hinwegfegen.
Würden Sie gentechnisch das Ebolavirus herstellen, und zwar so, daß es mit vierzehntägiger Verzögerung aktiv würde und ebenso ansteckend wäre wie das Grippevirus, dann hätten Sie eine wirklich tückische Waffe. Sie könnten es weiterhin gentechnisch so verändern, daß es nur bei solchen Leuten aktiv würde, die Merkmale haben, gegen die Sie persönlich etwas haben – das könnten Merkmale wie Hautfarbe, Augenfarbe, Haarfarbe, Körpergröße oder gar Geschlecht sein.

Die vierte Stufe der Gentechnik besteht darin, *Teile oder Systeme des Körpers so zu verbessern, daß wir »ewig« leben könnten*. Praktisch alle Systeme des Körpers büßen nach und nach ihre Funktion ein: die Haut, die Knochen, die Linse im Auge (sie wird starr, so daß wir allmählich die Fähigkeit verlieren, die Augen scharf einzustellen), die Muskeln, die Nieren, das Herz und die Blutgefäße, die Leber und so weiter. Wenn diese alle erst durch »Herumspielen« an der DNA verjüngt sind, haben wir einen gesunden Körper, der sich 500 bis 1000 Jahre lang wie der Körper eines Teenagers verhalten kann.

Dies ist eine kurzfristig wirksame Unsterblichkeit, so daß

heute lebende Menschen die erste Generation sein könnten, die »ewig« lebt, oder die letzte, die stirbt.

Die fünfte Stufe der Gentechnik würde darin bestehen, *die menschliche DNA so zu modifizieren, daß wir (zum Beispiel) auf einem Planeten wie dem Mars leben könnten, ohne uns durch einen Raumanzug schützen zu müssen.* Wir würden Temperaturen unter Null überleben müssen (ohne zu frieren) und die unglaublich dünne Atmosphäre aus Kohlendioxid (mit einem Druck, der 160mal geringer ist als auf der Erde).

Ein so hoher Stand der Gentechnik sollte innerhalb eines Dreivierteljahrhunderts erreichbar sein – genauso lange dauerte es vom ersten Flug eines Menschen mit einem Flugzeug bis zur ersten Landung eines Menschen auf dem Mond. Wie lange wird es dauern bis zum ersten natürlichen Nachwachsen eines Armes oder Beines?

Technik = Möglichkeit

Sich einen Arm wachsen zu lassen mag Ihnen unmöglich erscheinen, aber es gab einmal eine Zeit, da auch das Fliegen unmöglich erschien.

Mein Vater wurde im Jahr 1900 geboren und starb 1981. Um 1905 schafften die Brüder Wright den ersten verläßlichen und sicher gesteuerten Flug. 1969 waren wir zum Mond geflogen und wieder zurück. Stellen Sie sich vor, wie unmöglich es den Menschen im Jahr 1900 vorgekommen wäre, wenn jemand vorhergesagt hätte, daß die Menschheit in der Lebenszeit eines in diesem Jahr geborenen Kindes nicht nur einen gesteuerten Flug erlernen würde, sondern daß wir außerdem Menschen zum Mond schicken und wieder heimbringen würden.

Täglich bleiben zwei von drei Menschen hungrig Bei aller Begeisterung für die Bioinformatik und während wir uns selbst dazu gratulieren, daß wir imstande sind, einer schönen neuen Welt entgegenzugehen, sollten

wir dennoch nicht vergessen, daß zwei Drittel der Menschen auf unserem Planeten entsetzlich arm sind.
In weiten Teilen der Welt ist das Jahreseinkommen, von dem eine ganze Familie leben muß, nicht so hoch wie das Taschengeld der Teenager in den reichen Ländern. Den armen Ländern fehlt es an allem: ausreichend Nahrung, ärztlicher Versorgung, Ärzten, Bildung, sauberem Trinkwasser und so weiter. In den meisten Fällen sind diese Länder arm, weil die reichen sie ausnehmen. In vielen Fällen ist das, was diese armen Länder an »Hilfe« erhalten, ein Zehntel dessen, was sie den reichen Ländern an Bankzinsen zahlen.
Fred Hollows, der große australische Arzt und Menschenfreund, hat mir einmal gesagt: »Daß es irgendwo auf der Welt einen armen Menschen gibt, beschädigt mich in meinem Menschsein.«

Daß dies in einer so kurzen Zeit wie der Lebensspanne eines Menschen möglich war, lag daran, daß all die erforderliche Technik vorhanden war – die Technik des Gleitflugs und ein leichter und starker Motor.

Im selben Sinne ist inzwischen all die Technik vorhanden, um uns an die menschliche DNA zu machen.

Danksagung

Ich möchte meiner lieben Familie dafür danken, daß sie meine (vorübergehende) Abwesenheit geduldig hingenommen hat, während ich vier (4!!!) Bücher schrieb – in einem Jahr. (Hiermit geb' ich's schriftlich: Ich verspreche, nie wieder eine solche Dummheit zu begehen.)

Mein Dank gilt ferner Caroline Pegram (sie entwickelte eine erstaunliche Fülle von Fähigkeiten, wodurch sie mir viel Arbeit abnahm und die Qualität unseres gemeinsamen wissenschaftlichen Ertrages steigerte), Dan Driscoll (er beflügelt einen als Rundfunkredakteur und Produzent, und er half, meine Ideen in eine allgemeinverständliche Sprache zu bringen), meinem schüchternen und namenlosen Lektor bei HarperCollins (er ist geduldig, freundlich, aufbauend und sehr, sehr gescheit), Reg Lynch für seine Cartoons und meinen beiden Agenten Fitzroy Boulting und Paul Ricketts.

Es gäbe diese Geschichten nicht ohne die Unterstützung der Australian Broadcasting Company (ABC) und ihrer Program Exchange Group (PEG). Die PEG gab bei mir in den letzten zehn Jahren kurze Beiträge unter dem Titel »Great Moments in Science« in Auftrag, die wöchentlich in ganz Australien ausgestrahlt werden. Diese Beiträge sind die Grundlage der Texte, die dann schließlich in meinen populärwissenschaftlichen Büchern erscheinen.

Danken möchte ich außerdem Ian Allen, Ian Vaile und Clare Byrnes bei The Lab (ABC Science On-Line) für ihre tolle Arbeit beim Aufbau unserer Homepage unter
http://www.abc.net.au/science/k2/default.htm

Und schließlich geht mein Dank an Minister Peter McGauran vom Ministerium für Industrie, Wissenschaft und Technik sowie an die Universität Sydney, die die grundlegende Infrastruktur bereitstellten, dank deren das Office of the Julius Sumner Miller Fellow existieren kann.

Karl Kruszelnicki

Treibsand und Quickton

Clark II, George R.: »Swallowed up«, *Earth*, April 1995, S. 34–41
Dempsey, Mike: »Sinking feeling«, *New Scientist*, no. 1959, 7. Januar 1995, S. 57
Guinness Book of Records (CD-ROM), Guinness Publishing Ltd, 1993 (deutsch: *Das neue Guinness-Buch der Rekorde*, Berlin, Ullstein)
Kerr, Paul F.: »Quick clay«, *Scientific American*, November 1963, S. 132–142
Matthes, Gerard H.: »Quicksand«, *Scientific American*, Juni 1953, S. 97–102
Ring, Jim: »Sinking feeling«, *New Scientist*, no. 1971, 1. April 1995, S. 64
Walker, Jearl: *The Flying Circus of Physics*, John Wiley & Sons (USA), 1977, S. 112, 265–266 (deutsch: *Der fliegende Zirkus der Physik*, München/Wien 1997)

Metallfressende, säureliebende, gegen Krebs immune Pflanzen

Coghlan, Andy: »How plants guzzle heavy metals«, *New Scientist*, no. 2017, 17. Februar 1996, S. 17
Doerner, Peter et al.: »Control of root growth and development by cycling expression«, *Nature*, vol. 380, 11. April 1996, S. 520–523
Doonan, John & Hunt, Tim: »Why don't plants get cancer?«, *Nature*, vol. 380, 11. April 1996, S. 481–482
Edwards, Rob: »Rich pickings from Russia's polluted soils«, *New Scientist*, no. 2049, 28. September 1996, S. 5
Kaiser, Jocelyn: »Acids rain's dirty business: stealing minerals from soil«, *Science*, vol. 272, 12. April 1996, S. 198
Keeley, Jon. E. & Fotheringham, C. J.: »Trace gas emissions and smoke-induced seed germination«, *Science*, vol. 276, 23. Mai 1997, S. 1248–1250
MacKenzie, Debora: »Killing crops with cleanliness«, *New Scientist*, no. 1996, 23. September 1995, S. 4

Malakoff, David A.: »Nitrogen oxide pollution may spark seeds' growth«, *Science*, vol. 276, 23. Mai 1997, S. 1199

Mohnen, Volker A.: »The challenge of acid rain«, *Scientific American*, August 1988, S. 14–47

Schnug, Ewald, zitiert bei MacKenzie

Simon Moffat, Anne: »Plants proving their worth in toxic metal cleanup«, *Science*, vol. 269, 21. Juli 1995, S. 302–303

Städte aus Schleim

Berg, Howard C.: »How bacterium swim«, *Scientific American*, August 1975, S. 36–44

Hamilton, Lloyd & Muir, M. D.: »Precambrian microfossils from the McArthur River lead-zinc-silver deposit Northern Territory, Australia«, *Mineral Deposita*, 1974, S. 83–86

Holmes, Bob: »Life unlimited«, *New Scientist*, no. 2016, 10. Februar 1996, S. 26–29

Raloff, Janet: »Sponges and sinks and rags, oh my!«, *Science News*, vol. 150, 14. September 1996, S. 172–173

Stetter, K. O., Huber, R., Blöchl, E., Kurr, M., Eden, R. D., Fielder, M., Cash, H. & Vances, I.: »Hypothermophilic archaea are thriving in deep North Sea and Alaskan oil reservoirs«, *Nature*, vol. 365, 21. Oktober 1993, S. 743–745

Torsvik, Vidgis, zitiert bei Holmes

Wickelgren, Ingrid: »Pay dirt«, *Popular Science*, März 1996, S. 48–51

Wu, C.: »Molecular motor spins out energy for cells«, *Science News*, vol. 151, no. 12, 22. März 1997, S. 173

Von alten Speeren zu fliegenden Lasern

Ballantyne, Ian: »Spot the killer!«, *Focus*, Oktober 1996, S. 42–45

»Bullet detector«, *Popular Mechanics*, August 1996, S. 20

Dennell, Robin: »The world's oldest spears«, *Nature*, vol. 385, 27. Februar 1997, S. ix, 767–768

Fulghum, David A.: »Boeing team tapped to build laser aircraft«, *Aviation Week and Space Technology*, 18. November 1996, S. 22–23

»Not your average calliope«, *Aviation Week and Space Technology*, 31. März 1997, S. 19

Scott, William B.: »Sniper detector revived for airborne use«, *Aviation Week and Space Technology*, 26. August 1996, S. 64

Thieme, Hartmut: »Lower Palaeolithic hunting spears from Germany«, *Nature*, vol. 385, 27. Februar 1997, S. 807–810

Watkins, Steven: »The destroyer rides out«, *New Scientist*, no. 2055, 9. November 1996, S. 38–40

Rätsel der Mayas und verfehlte Landwirtschaft

Diamond, Jared: »The worst mistake in the history of the human race«, *Discover*, Mai 1987, S. 64–66

Harris, Marvin: »The 100,000-year hunt«, *The Sciences*, Januar/Februar 1986, S. 22–32

Headland, Thomas N.: »Paradise revised«, *The Sciences*, September/Oktober 1990, S. 45–50

Hodell, David A. et al.: »Possible role of climate in the collapse of Classic Maya civilisation«, *Nature*, vol. 375, 1. Juni 1995, S. 391–394

Rappaport, Roy A.: »The flow of energy in an agricultural society«, *Scientific American*, September 1971, S. 117–132

Sabloff, Jeremy A.: »Drought and decline«, *Nature*, vol. 375, 1. Juni 1995, S. 357

El Niño und die Linie im Pazifik

Bergeron, Lou: »Will El Niño become El Hombre?«, *New Scientist*, no. 2013, 20. Januar 1996, S. 15

Chelton, Dudley & Schlax, Michael G.: »Global observation of oceanic Rossby waves«, *Science*, vol. 272, 12. April 1996, S. 234–238

Kemp, Alan E. S. & Baldauf, Jack G.: »Vast neogene laminated diatom mat deposits from the eastern Equatorial Pacific Ocean«, *Nature*, vol. 362, 11. März 1993, S. 141–144

Murphy, R. C.: »Oceanic and climatic phenomena along the west coast of South America during 1925«, *Geographic Review*, vol. 15, 1926, S. 26–54

Picaut, J. et al.: »Mechanism of the zonal displacements of the Pacific warm pool: implications for ENSO«, *Science*, vol. 274, 29. November 1996, S. 1486–1489

»Pool moves«, *Science*, vol. 274, 29. November 1996, S. 1441

Ramage, Colin S.: »El Niño«, *Scientific American*, Juni 1986, S. 55–61

Stone, Roger C., Hammer, Graeme L. & Marcussen, Torben: »Prediction of global rainfall probabilities using phases of the Southern Oscillation Index«, *Nature*, vol. 384, 21. November 1996, S. 252–255

Yoder, James A., Ackleson, Steven G. et al.: »A line in the sea«, *Nature*, vol. 371, 20. Oktober 1994, S. 689–692

Eisberg-Armadas, tibetischer Eisblock und rostiger Ozean

Bond, Gerard C. & Lotti, Rusty: »Iceberg discharges into the North Atlantic on millennial time scales during the last glaciation«, *Science*, vol. 267, 17. Februar 1995, S. 1005–1010

Broecker, Wallace S.: »Massive iceberg discharges as triggers for global climate change«, *Nature*, vol. 372, 1. Dezember 1994, S. 421–424

Broecker, Wallace S.: »Chaotic climate«, *Scientific American*, November 1995, S. 44–50

Broecker, Wallace S. & Denton, George H.: »What drives glacial cycles?«, *Scientific American*, Januar 1990, S. 42–50

Coale, Kenneth H. et al.: »A massive phytoplankton bloom induced by an ecosystem-scale iron fertilisation experiment in the Equatorial Pacific Ocean«, *Nature*, vol. 383, 10. Oktober 1996, S. 495–501

Farley, K. A. & Patterson, D. B.: »A 100-kyr periodicity in the flux of extraterrestrial 3He to the sea floor«, *Nature*, vol. 378, 7. Dezember 1995, S. 600–603

Kunzig, Robert: »Earth on ice«, *Discover*, April 1991, S. 54–61

Paterson, David: »Did Tibet cool the world?«, *New Scientist*, no. 1880, 3. Juli 1993, S. 29–33

Thomson, David J.: »The seasons, global temperature, and precession«, *Science*, vol. 268, 7. April 1995, S. 59–68

Van Scoy, Kim & Coale, Kenneth: »Pumping iron in the Pacific«, *New Scientist*, no. 1954, 3. Dezember 1994, S. 32–35

Waters, Tom: »Roof of the world«, *Earth*, Juli 1993, S. 26–35

Waters, Tom: »Did the Himalaya warm the world?«, *Earth*, Januar 1994, S. 10

Herzschläge auf Vorrat und wie man Babys hält

Curfman, Gregory D.: »Is exercise beneficial – or hazardous – to your heart?«, *New England Journal of Medicine*, vol. 329, no. 23, 2. Dezember 1993, S. 1730–1731

Eastwood, Robin: »Right versus left side«, *The Lancet*, vol. 348, 5. Oktober 1996, S. 970

Mittleman, Murray A. et al.: »Triggering of acute myocardial infarction by heavy physical exertion«, *New England Journal of Medicine*, vol. 329, no. 23, 2. Dezember 1993, S. 1677–1683

Salk, Lee: »The role of the heartbeat in the relations between mother and infant«, *Scientific American*, Mai 1973, S. 24–29

Sieratzki, J. S. & Woll, B.: »Why do mothers cradle babies on their left?«, *The Lancet*, vol. 347, 22. Juni 1996, S. 1746–1748

Stoller, James K., Adler, Dale S. & Holland, Joe: »Can you ›run your heart out‹?«, *New England Journal of Medicine*, 17. März 1988, S. 708–709

Iß weniger, lebe länger – und trink Bier!

›Aussie beer belly exposed as a myth«, *Daily Telegraph Mirror* (Sydney), 26. März 1995, S. 19

Coghlan, Andy: »Pint pots designed to banish bitterness«, *New Scientist*, no. 1848, 21. November 1992, S. 8

Dayton, Leigh: »Eating less seen as key to long life«, *Sydney Morning Herald*, 4. März 1997

»Eating less could extend life«, *Australian Doctor Weekly*, 14. März 1997, S. 37
English, Ruth & Lewis, Janine: *Nutritional Values of Australian Foods*, Department of Community Services and Health (booklet), Commonwealth of Australia, 1991
»How Is It Done?«, *Reader's Digest* (Australia), 1990, S. 346, 394
»Is alcohol fattening?«, *Health Reader*, vol. 6, no. 9, April 1995, S. 1–2
Mortimer, Derek: »Beer saves lives«, *Medical Observer*, 2. Mai 1997, S. 28
O'Dea, K. & Rowley, K. G.: »Treating eating problems«, in I. D. Caterson (ed.), *Nutrition and Overweight*, no. 11, Servier Laboratories, Melbourne, 1994
»Salty secrets revealed«, *Sunday Mail* (Queensland), 8. Juni 1997, S. 69
Santos, Levin: »Dead man's curve«, *The Sciences*, Januar/Februar 1997, S. 10–11
Weindruch, Richard: »Caloric restriction and ageing«, *Scientific American*, Januar 1996, S. 32–38

Ton schenkt Leben und ist gut zu essen

Anderson, Ian: »Does the answer lie in the soil?«, *New Scientist*, no. 1481, 11. April 1985, S. 3
Cairns-Smith, A. G.: »The first organisms«, *Scientific American*, Juni 1985, S. 74–82
Dickerson, Richard E.: »Chemical evolution and the origin of life«, *Scientific American*, September 1978, S. 62–78
Frate, Dennis A.: »Last of the earth eaters«, *The Sciences*, November/Dezember 1984, S. 34–39
Jones, Timothy: »Well-grounded diet«, *The Sciences*, September/Oktober 1991, S. 38–43
Radetsky, Peter: »How did life start?«, *Discover*, November 1992, S. 74–82

Blutegel saugen!

Baerheim, Anders & Sandvik, Hogne: »Effect of ale, garlic, and soured cream on the appetite of leeches«, *British Medical Journal*, vol. 309, 24.–31. Dezember 1994, S. 1689
Conniff, Richard: »The little suckers have made a comeback«, *Discover*, August 1987, S. 85–94
»Leeches make an anticancer protein«, *New Scientist*, no. 1582, 15. Oktober 1987, S. 31
Lent, Charles M. & Dickson, Michael H.: »The neurobiology of feeding in leeches«, *Scientific American*, Juni 1988, S. 78–83
Road, Alan & Macken, Clare: »Welcome back, little bloodsucker«, *Reader's Digest*, August 1995, S. 161–164
Sims, Graem: »Leech mania«, *Australian Geographic*, April/Juni 1989, S. 34–47
Tusynski, George P., Gasic, Tatiana B. & Gasic, Gabriel J.: »Isolation and charac-

terisation of Antistasin – and inhibitor of metastasis and coagulations«, *The Journal of Biological Chemistry*, 15. Juli 1987, S. 9718–9723

Gravitationswellen

Anderson, Ian: »Australia tunes into gravity waves«, *New Scientist*, no. 1987, 22. Juli 1995, S. 24
Cline, David B., Mann, Alfred K. & Rubbia, Carlo: »The search for new families of elementary particles«, *Scientific American*, Januar 1976, S. 44–54
DeWitt, Bryce S.: »Quantum gravity«, *Scientific American*, Dezember 1983, S. 104–115
Faber, Scott: »Gravity's secret signals«, *New Scientist*, no. 1953, 26. November 1994, S. 40–44
Freedman, Daniel Z. & van Nieuwenhuizen, Peter: »Supergravity and the unification of the laws of physics«, *Scientific American*, Februar 1978, S. 126–142
Gribbin, John: »A theory of some gravity«, *New Scientist*, no. 1705 (Inside *Science* no. 31), 24. Februar 1990, S. 1–4
Hecht, Jeff: »Exotic pulsar blazes trail to glory«, *New Scientist*, no. 1896, 23. Oktober 1993, S. 4
Reader's Digest Book of Facts, Reader's Digest (Australia), 1994, S. 396, 398

Explodierende Sterne und flüssige Spiegel

Borra, Ermanno F.: »Liquid mirrors«, *Scientific American*, Februar 1994, S. 50–55
Dragovan, Mark & Alvarez, Don: »Making a mirror by spinning a liquid«, *Scientific American*, Februar 1994, S. 86–97
Fisher, Arthur: »Spinning scopes«, *Popular Science*, Oktober 1987, S. 76–79, 101–102
Henbest, Nigel: »The invisible star shows up«, *New Scientist*, no. 1359, 26. Mai 1983, S. 538
Hickson, Paul et. al.: »UBC/LAVAL 2.7 meter liquid mirror telescope«, *The Astrophysical Journal*, vol. 436, 1. Dezember 1994, S. L201–L204
»How Is It Done?«, *Reader's Digest* (Australia), 1990, S. 128, 180–182, 245, 406
Iannotta, Ben: »Spinning images from mercury mirrors«, *New Scientist*, no. 1986, 15. Juli 1995, S. 38–41
»Why In The World?«, *Reader's Digest*, 1994, S. 219

Polarlichter

Anselmo, Joseph C.: »Solar storm eyed as satellite killer«, *Aviation Week and Space Technology*, 27. Januar 1997, S. 61
Covault, Craig: »New explorer to study Aurora«, *Aviation Week and Space Technology*, 19. August 1996, S. 31

»Forecasting the northern lights«, *Science*, vol. 268, 28. April 1995, S. 496

Kerr, Richard A.: »Does the Sun trigger outburts from the Earth's magnetosphere?«, *Science*, vol. 271, 15. März 1996, S. 1496

Muir, Hazel: »Watch out, here comes the Sun«, *New Scientist*, no. 2015, 3. Februar 1996, S. 22–26

Nash, Madeline: »Cosmic storms coming«, *Time*, 9. September 1996, S. 68–69

Powell, Corey S.: »The blustery void«, *Scientific American*, August 1996, S. 14

Russell, C. T.: »The magnetosphere«, in *The Solar Wind and the Earth*, Terra Scientific Publishing Co. (TERRAPUB), Tokyo, 1987, S. 73–100

Syun-Ichi Akasofu: »The dynamic aurora«, *Scientific American*, Mai 1989, S. 54–63

Williams, John: »Built to last«, *Astronomy*, Dezember 1990, S. 36–41

Robofische, Albatrosse und intelligente Werkstoffe

»Albatrosses break speed and distance records«, *New Scientist*, no. 1707, 10. März 1990, S. 16

Baker, Howard: »Pushing the boat out with penguin power«, *New Scientist*, no. 2080, 3. Mai 1997, S. 25

Friend, Cliff: »Even aircraft have feelings«, *New Scientist*, no. 2015, 3. Februar 1996, S. 32–35

Gray, Sir James: »How fishes swim«, *Scientific American*, August 1957, S. 48–54

Stix, Gary: »Robo tuna«, *Scientific American*, Januar 1994, S. 127

Tickell, W. L. N.: »The Great Albatrosses«, *Scientific American*, November 1970, S. 84–93

Triantafyllou, Michael S. & Triantafyllou, George S.: »An efficient swimming machine«, *Scientific American*, März 1995, S. 40–48

Vincent, Julian: »Tricks of nature«, *New Scientist*, no. 2043, 17. August 1996, S. 38–40

Musik und Klatsch stärken das Gehirn

»Black and white of loud music«, *Sunday Telegraph* (Sydney), 16. Juni 1996, S. 38

Chapman, Mardi: »Musicians risk hearing loss«, *Australian Doctor Weekly*, 31. Mai 1996, S. 16

de Carvalho, Rui: »Did Stone Age people dance to the flute?«, *New Scientist*, no. 1959, 7. Januar 1995, S. 9

Dunbar, Robin: »Why gossip is good for you«, *New Scientist*, no. 1848, 21. November 1992, S. 28–31

Edwards, Rob: »Children learn faster to the sound of music«, *New Scientist*, no. 2030, 18. Mai 1996, S. 6

Elbert, Thomas et al.: »Increased cortical representation of the fingers of the left hand in string players«, *Science*, vol. 270, 13. Oktober 1995, S. 305–307

Guinness Book of Records, CD-ROM, Guinness Publishing Ltd, 1993 (deutsch: *Das neue Guinness-Buch der Rekorde*, Berlin, Ullstein)

Hamer, Mick: »Haunting tunes from ghostly players«, *New Scientist*, no. 2048, 21. September 1996, S. 12

Henahan, John: »Music soothes patient nerves«, *Australian Doctor Weekly*, 11. April 1997, S. 34

Hoffer, Eric: *Reflections of the Human Condition*, 1973

Lewin, Roger: »The fractal structure of music«, *New Scientist*, no. 1767, 4. Mai 1991, S. 15

Motluk, Alison: »Just gotta dance, gotta dance«, *New Scientist*, no. 2047, 14. September 1996, S. 10

Rauscher, Frances H. et al.: »Music and spatial task performance«, *Nature*, 14. Oktober 1993, S. 611

Szamosi, Geza: »The origin of time«, *The Sciences*, September/Oktober 1986, S. 32–39

Zappa, Frank: *The Real Frank Zappa Book*, written with Peter Occhiogrosso, Picador, 1989 (deutsch: *Frank Zappa*, München 1991)

Lebensmittelvergiftung und Hochdruck

Collee, Gerald: »Food Poisoning«, *New Scientist*, no. 1687 (Inside *Science*), 21. Oktober 1989, S. 1–4

Dunlevy, Sue: »Drinkers told to cool urge for party ice«, *Daily Telegraph Mirror* (Sydney), 20. Februar 1997, S. 3

Grady, Denise: »Quick-change pathogens gain an evolutionary edge«, *Science*, vol. 274, 15. November 1996, S. 1081

Hill, Stephen: »Squeezing the death out of food«, *New Scientist*, no. 2077, 12. April 1997, S. 28–32

James, Tony: »Poison on your plate«, *Australian Doctor Weekly*, 16. Mai 1997, S. 28–33

Johnson, Howard M., Russell, Jeffry K. & Pontzer, Carol H.: »Superantigens in human disease«, *Scientific American*, April 1992, S. 42–47, 73

Kingsland, James: »Salty foods stay cool to its core in microwaves«, *New Scientist*, no. 1713, 21. April 1990, S. 12

Maurice, John: »The rise and rise of food poisoning«, *New Scientist*, no. 1956, 17. Dezember 1994, S. 28–33

Murray, Terry: »Dragon exhibit linked to outbreak«, *Australian Doctor Weekly*, 15. November 1996, S. 47

»Out of bugs and bowels«, *Medical Journal of Australia*, vol. 166, 21. April 1997, S. 442

»Salmonella kills granny after surgery«, *Daily Telegraph Mirror* (Sydney), 19. Dezember 1996, S. 21

Hepatitis C – eine ernste Gefahr

»An accidental tourist«, *Medical Journal of Australia*, vol. 166, 21. April 1997, S. 442

Cristofani, Kathryn: »Chinese herbs help treat hep C«, *Australian Doctor Weekly*, 20. September 1996, S. 1

»Hep C therapy ›disappointing‹«, *Australian Doctor Weekly*, 18. April 1997, S. 32

Lamont, Leonie: »Call for action to halt epidemic of Hepatitis C«, *Sydney Morning Herald*, 27. August 1997, S. 4

Quayle, Sue: »Hep B immunisation furore«, *Australian Doctor Weekly*, 25. April 1997, S. 54, 56

Sarzin, Anne: »Cocaine straws spread hep C«, *Australian Doctor Weekly*, 27. Juni 1997, S. 21

Tödliche Telefone und andere medizinische Verrücktheiten

Bigard, Marc-Andre et al.: »Fatal colonic explosion during colonoscopic polypectomy«, *Gastroenterology*, vol. 77, no. 6, 1979, S. 1307–1310

Cooter, Robert: »The Royal Flying Doctor Service«, *Australian Family Physician*, vol. 26, no. 1, Januar 1997, S. 58–61

Eisele, John W. & Reay, Donald T.: »Death related to coffee enemas«, *Journal of the American Medical Association*, vol. 244, no. 14, 3. Oktober 1980, S. 1608–1609

Lempert, Thomas & Bauer, Martin: »Mass fainting at rock concerts«, *New England Journal of Medicine*, vol. 332, no. 25, 1995, S. 1721

Majno, Guido: *The Healing Hand: Man and Wound in the Ancient World*, Harvard University Press, 1975, S. 24–28, 166–169, 197

Mourad, Jean-Jacques: »Carotid-artery dissection after a prolonged telephone call«, *New England Journal of Medicine*, vol. 336, no. 7, 13. Februar 1997

New Scientist, no. 1989, 5. August 1995, S. 64

Redelmeier, Donald A. & Tibdhirani, Robert J.: »Association between cellular-telephone calls and motor vehicle collisions«, *New England Journal of Medicine*, vol. 336, 13. Februar 1997, S. 453–458

Stewart, Betty: »Brain surgery in the South Pacific«, *Medical Observer*, 17. März 1995, S. 74–75

Westmore, Ann: »Fall leads to artery dissection«, *Australian Doctor Weekly*, 16. Mai 1997, S. 9

Bioinformatik und Unsterblichkeit

Blaese, R. M. & Culver, K. W.: »Gene therapy for primary immunodeficiency disease«, *Immunodeficiency Review*, vol. 3, no. 329, 1992

Cohen, Jon: »The genomics gamble«, *Science*, vol. 275, 7. Februar 1997, S. 767–772

»Frontiers in medicine«, *Science*, vol. 276, 4. April 1997, S. 59–87

Horton, Brendan: »Going to work in genes catches on«, *Nature*, vol. 383, 24. Oktober 1996, S. 739–743

Littlejohn, Tim G.: »Bioinformatics: the essential ingredient«, *Today's Life Science*, Juni 1996, S. 28–33

Westmore, Ann: »Disease clues in the genes«, *Australian Doctor Weekly*, 16. Mai 1997, S. 39–42

Williams, D. A., Lemischka, I. R., Nathan, D. G. et al.: »Introduction of new genetic material into pluripotent hematopoietic stem cells of the mouse«, *Nature*, vol. 310, 1984, S. 476

Zum Autor

Karl Kruszelnicki wurde am am 20.3.1948 in Helsingborg/ Schweden als Sohn polnischer Eltern geboren. Als Kind emigrierte er mit seiner Familie nach Australien. Dort hat er Physik, Astrophysik, Informatik und Philosophie studiert. Tätig war er unter anderem als Kfz-Mechaniker, Taxifahrer, Filmemacher, Fernsehwetteransager und Kinderarzt. Derzeit ist er Professor für Physik an der Universität von Sydney. Neben seiner akademischen Tätigkeit sorgt er mit Radioshows und Wissenschafts-Comedy-Veranstaltungen für die Popularisierung von Wissenschaft. Damit erreicht er Millionen Menschen. Er hat 24 Bücher geschrieben, vor allem populärwissenschaftliche Titel zu naturwissenschaftlichen Fragen. Auf Deutsch liegt vor: »Dr. Karls Geschichten aus der Wissenschaft oder Wie Telefone Fische fangen« (Serie Piper 4559)

In Australien wurde »Dr. Karl«, wie ihn seine Fans nennen, 2003 »Father of the Year«. Für seine Erforschung der Frage, wie Fusseln in den Bauchnabel gelangen und warum sie immer blau sind, verlieh ihm die Harvard University 2003 den Ig Nobel Award (eine Art Anti-Nobelpreis für Forschungen, »die nicht wiederholt werden können oder sollen«).
Auch der SPIEGEL würdigte in seiner Kolumne »Klüger werden mit: …« die wissenschaftlichen Comedy-Programme des Physikers.

PIPER

Karl Kruszelnicki

Dr. Karls Geschichten aus der Wissenschaft

oder Wie Telefone Fische fangen. Aus dem Englischen von Friedrich Griese. 256 Seiten mit 18 Zeichnungen von Reg Lynch. Serie Piper

Karl Kruszelnicki, im Hauptberuf Physiker, macht durch seine verrückten und kuriosen Geschichten die Naturwissenschaften zum Vergnügen. Ob er erzählt, warum ein feines Seidentuch eine Revolverkugel aufhält, wie bei Menschen die Liebe »durch die Nase geht« oder weshalb die Spinne nicht im eigenen Netz hängenbleibt – »Dr. Karl«, der begnadete Wissenschaftskomödiant, erklärt die Welt auf seine Weise.

»Klüger werden mit Karl Kruszelnicki.«
Der Spiegel

01/1524/01/R